国家公益性行业（农业）科研专项（200903033）

果树
农药高效科学施用技术
指导手册

郑永权　主编

U0349122

中国农业科学技术出版社

图书在版编目（CIP）数据

果树农药高效科学施用技术指导手册 / 郑永权主编 . —北京：中国农业科学技术出版社，2015.9

ISBN 978-7-5116-2276-1

Ⅰ . ①果…　Ⅱ . ①郑…　Ⅲ . ①果树 – 农药施用 – 手册　Ⅳ . ① S436. 6–62

中国版本图书馆 CIP 数据核字（2015）第 220094 号

责任编辑	张孝安
责任校对	马广洋

出 版 者	中国农业科学技术出版社
	北京市中关村南大街 12 号　邮编：100081
电　　话	（010）82109708（编辑室）（010）82109704（发行部）
	（010）82109703（读者服务部）
传　　真	（010）82106650
网　　址	http://www.castp.cn
经 销 者	各地新华书店
印 刷 者	北京富泰印刷有限责任公司
开　　本	850mm×1 168mm　1 /32
印　　张	3.625
字　　数	90 千字
版　　次	2015 年 9 月第 1 版　2015 年 11 月第 2 次印刷
定　　价	26.00 元

编委会

主　编：郑永权

副主编：蒋红云　袁会珠　刘新刚

编　委（按姓氏笔画排序）：

于　毅　王开运　刘　峰　刘新刚

李永平　李　振　乔　康　孙海滨

张小风　张安盛　张润祥　郑永权

范仁俊　封云涛　袁会珠　顾中言

黄啟良　蒋红云　韩秀英

前　言

  我国是一个农业大国，农业的增产丰收关系到国家的经济发展、社会的繁荣稳定和广大人民群众的切身利益，而农业有害生物的防治是保证农业增产丰收的重要环节，化学防治则是农业有害生物防控最有效的措施。在目前和将来很长一段时期内，化学农药在有害生物控制中仍将起到至关重要、不可或缺的关键作用。科学、合理地施用农药将会有效控制病虫草等有害生物的危害；相反，农药的误用、错用、滥用、乱用等都将事倍功半，甚至危害人类自己。因此，要把农药用好还应注意以下诸多问题，比如同一种农药多次使用导致病虫害对药剂的敏感度产生变化，农民或技术人员不能有效地选择药剂及使用剂量，造成防治效果不好或农药浪费，给农产品安全带来极大的隐患；又如农药的不科学混用导致农药投入量增加，时常会引发药害和农药对农产品的复合污染，还会对环境和非靶标生物造成巨大的影响；再如因施用不当造成药剂在有害生物体表沉积率低下，出现农药流失浪费严重、有效利用率低和严重污染环境的问题。

  为此，笔者依托国家公益性行业（农业）科研专项"农药高效安全科学施用技术"（200903033），针对上述关键问题，面向农药施用技术人员和广大农民朋友，组织相关研究人员开展了5年的研究，以为害水稻、棉花、小麦、蔬菜、果树等农作物的主要病虫害为攻关对象，研发出相关配方选药诊断试剂盒、"雾滴密度"测试卡和提高药剂沉积效率的功能性助剂等高效、安全、科学施药技术，并组建了农药高效、安全、科学施用技术体系。

本书作为项目的研究成果，系统概括了为害水稻、棉花、小麦、蔬菜、果树等农作物主要病虫害的识别特征、不同防治技术等内容。随着配方选药技术、科学桶混技术、农药减量控制技术、优质高效低风险农药的筛选和应用等技术研究成果的成熟并投入使用，将对有效解决农药滥用、乱用现象，更加精准化选用农药，降低农药的使用量，确保农产品的质量和安全等具有重要的实用价值。同时，本书的出版发行也将有力提升农民的健康意识、环境意识和农产品质量安全意识，具有深远的社会意义。

本书由国家公益性行业（农业）科研专项"农药高效安全科学施用技术"项目组研究人员编写。书中存在错误或不足之处在所难免，恳请读者批评和指正。

郑永权

2014年2月

目　录

第一章　农药喷雾

一、农药喷雾技术类型………………………………………………… 1

二、农药喷雾中的"流失"…………………………………………… 3

三、农药雾滴最佳粒径………………………………………………… 6

四、雾滴测试卡………………………………………………………… 9

五、雾滴密度比对卡…………………………………………………… 11

六、农药喷雾的雾滴密度标准指导………………………………… 12

第二章　农药剂型与农药施用

一、农药剂型与农药制剂…………………………………………… 19

二、农药适宜剂型与制剂选择……………………………………… 20

三、农药助剂………………………………………………………… 30

四、农药"润湿展布比对卡"使用说明…………………………… 33

第三章　柑橘红蜘蛛防治

一、柑橘红蜘蛛分布与危害………………………………………… 35

二、柑橘红蜘蛛诊断方法…………………………………………… 35

三、柑橘红蜘蛛发生条件…………………………………………… 37

四、柑橘红蜘蛛防治技术…………………………………………… 38

第四章　梨黑星病防治

一、梨黑星病发生与危害…………………………………………… 43

二、梨黑星病诊断方法……………………………………………… 43

三、梨黑星病发生条件……………………………………………… 47

四、梨黑星病防治技术……………………………………………… 49

第五章　中国梨木虱防治

一、中国梨木虱发生与危害……………………………… 55
二、中国梨木虱诊断方法……………………………… 56
三、中国梨木虱发生条件……………………………… 58
四、中国梨木虱防治技术……………………………… 59

第六章　苹果斑点落叶病防治

一、苹果斑点落叶病发生与危害…………………… 65
二、苹果斑点落叶病诊断方法……………………… 65
三、苹果斑点落叶病发生条件……………………… 67
四、苹果斑点落叶病防治技术……………………… 70

第七章　苹果轮纹病防治

一、苹果轮纹病发生与危害………………………… 77
二、苹果轮纹病诊断方法…………………………… 77
三、苹果轮纹病发生条件…………………………… 79
四、苹果轮纹病防治技术…………………………… 81
五　苹果轮纹病化防控制技术……………………… 87

第八章　苹果黄蚜病防治

一、苹果黄蚜病发生与危害………………………… 90
二、苹果黄蚜病诊断方法…………………………… 90
三、苹果黄蚜病发生条件…………………………… 92
四、苹果黄蚜病防治技术…………………………… 93

第九章　苹果二斑叶螨防治

一、苹果二斑叶螨发生与危害……………………… 99
二、苹果二斑叶螨诊断方法………………………… 99
三、苹果二斑叶螨发生条件………………………… 101
四、苹果二斑叶螨防治技术………………………… 101

第一章　农药喷雾

一、农药喷雾技术类型

农药喷雾技术的分类方法很多，根据喷雾机具、作业方式、施药液量、雾化程度、雾滴运动特性等参数，喷雾技术可以分为各种各样的喷雾方法。仅根据喷雾时的施药液量（即通常所说的喷雾量），可以把喷雾方法分为常规大容量喷雾法、中容量喷雾法、低容量喷雾法和超低容量喷雾法。

（一）常规大容量喷雾法

每 $667m^2$ 喷液量在 40L 以上（大田作物）或 100L 以上（果园）的喷雾方法称常规大容量喷雾法（HV），也称传统喷雾法或高容量喷雾法。这种喷雾方法的雾滴粗大，所以，也称粗喷雾法。在常规大容量喷雾法田间作业时，粗大的农药雾滴在作物靶标叶片上极易发生液滴聚并，引起药液流失，全国各地习惯采用这种大容量喷雾法。

（二）中容量喷雾法

每 $667m^2$ 喷液量在 15~40L（大田作物），或 40~100L（果园）的喷雾方法称中容量喷雾法（MV）。中容量喷雾法与高容量喷雾法之间的区分并不严格。中容量喷雾法是采取液力式雾化原理，使用液力式雾化部件（喷头），适应范围广，在杀虫剂、杀菌剂、除草剂等喷洒作业时均可采用。在中容量喷雾法田间作业时，农药雾滴在作物靶标叶片上也会发生重复沉积，引起药液流失，但流失现象比高容量喷雾法轻。

（三）低容量喷雾法

每 $667m^2$ 喷液量在 5~15L（大田作物），或 15~40L（果园）的喷雾方法称低容量喷雾法（LV）。低容量喷雾法的雾滴细、施药液量小、工效高、药液流失少、农药有效利用率高。对于机械施药而言，可以通过调节药液流量调节阀、机械行走速度和喷头组合等实施低容量喷雾作业。对于手动喷雾器，可以通过更换小孔径喷片等措施来实施低容量喷雾。另外，采用双流体雾化技术，也可以实施低容量喷雾作业。

（四）超低容量喷雾法

每 $667m^2$ 喷液量在 0.5L 以下（大田作物），或 3L（果园）以下的喷雾方法称超低容量喷雾法（ULV），雾滴粒径小于 $100\mu m$，属细雾喷洒法。其雾化原理是采取离心式雾化法，雾滴粒径决定于圆盘（或圆杯等）的转速和药液流量，转速越快雾滴越细。超低容量喷雾法的喷液量极少，必须采取飘移喷雾法。由于超低容量喷雾法雾滴细小，容易受气流的影响，因此，施药地块的布置以及喷雾作业的行走路线、喷头高度和喷幅的重叠都必须严格设计。

不同喷雾方法的分类及其应采用的喷雾机具和喷头简单列于表 1-1，供读者参考。

表 1-1　不同喷雾方法分类及应采用喷雾机具和喷头

喷雾方法	喷施量（L/667m²）		选用机具	选用喷头
	大田作物	果园		
常规大容量喷雾法（HV）	>40	>100	手动喷雾器 大田喷杆喷雾机 担架式喷雾机	1.3mm 以上空心圆锥雾喷片 大流量的扇形雾喷头

喷雾方法	喷施量（L/667m²）		选用机具	选用喷头
	大田作物	果园		
中容量喷雾法（MV）	15~40	40~100	手动喷雾器 大田喷杆喷雾机 果园风送喷雾机	0.7~1.0mm 小喷片 中小流量的扇形雾喷头
低容量喷雾法（LV）	5~15	15~40	背负机动弥雾机 微量弥雾器 常温喷雾机 电动圆盘喷雾机	0.7mm 小喷片 气力式喷头 离心旋转喷头
超低容量喷雾法（ULV）	<0.5	<3	背负机动弥雾机 热烟雾机	离心旋转喷头 超低容量喷头

二、农药喷雾中的"流失"

喷雾法是农药使用中最常用的方法，因其常用，人们往往忽视其中存在的问题，简单地认为喷雾就是把作物叶片喷湿，看到药液从叶片滴淌流失为标准。这种错误的喷雾观念，就好像在给农作物洗澡，大量的药液流失到地表，喷药人员接触喷过药的湿漉漉叶片，身上也会沾满农药。特别是果园喷雾时，喷药人员站在树下往上喷药，流失下来的药液弄得自己满身都是，很容易发生中毒事故，非常危险。

（一）"雾"与"雨"的区别

"雾"是细小的液滴在空气中的分散状态，"雨"是粗大的液滴在空气中的分散状态。"雾"与"雨"的区别就是液滴粒径大小不同。我们可以把一个液滴看作一个圆球，读者在中学时，都学习过球体积的计算公式：

体积（V）$= \dfrac{4}{3} \times \pi \times$ 半径³（R³）。

从以上公式中，我们可以计算得出，当药液的体积（V）一定时，液滴的粒径减小一半（R），则雾滴的数量由1个变成了8

个，如图1-1所示。

在农作物病虫草害防治中，可以理解为士兵拿机关枪在扫射敌人，射出去的子弹数量越多，击中敌人的概率就越大，一次只发射一颗子弹的威力远不如一次发射8颗子弹的威力。因此，在农药喷雾中，若能够采用细雾喷洒，雾滴粒径为100μm左右，一定体积的药液形成的子弹数就很多；但是，如果采用淋洗式喷雾，液滴粒径在1 000μm左右，两者相差10倍，则形成的子弹数（雾滴数）相差1 000倍，工作效率自然非常低。

雾滴数目是原来的8倍

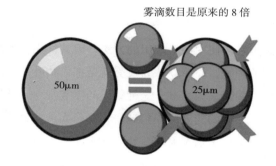

50μm

25μm

图1-1　雾滴粒径减小一半，雾滴数目由1个变成了8个

在农药喷"雾"技术中，根据雾滴粒径大小分为细雾、中等雾、粗雾，这3种"雾"与"雨"所对应的液滴粒径，如图1-2所示。

我们从图1-2中可以看出，"雨"的液滴粒径非常大，大约是"细雾"的10倍、是"中等雾"的5倍，是"粗雾"的2倍。液滴粒径越大，一定的喷液量所形成的雾滴数目就越少，越不利于农药药效的发挥。

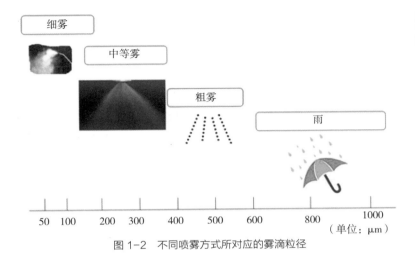

图1-2　不同喷雾方式所对应的雾滴粒径

（二）农药喷雾形态的分类

雾滴粒径即是农药喷雾技术中最为重要和最易控制的参数，也是衡量喷头喷雾质量的重要参数，雾化程度的正确选用是施用最少药量取得最好药效及减少环境污染等的技术关键。

1. 粗雾

粗雾是指粒径大于400μm的雾滴。根据喷雾器械和雾化部件的性能不同，一般在400~1 000μm。粗雾接近于"雨"。

2. 中等雾

雾滴粒径在200~400μm的雾滴称为中等雾。目前，中等雾喷雾方法是农业病虫草害防治中采用最多的方法。各种类型的喷雾器械及其配置的喷头所产生的雾滴基本上都在这一范围内。

3. 细雾

雾滴粒径在100~200μm的雾称为细雾。细雾喷洒在植株比较高大、株冠比较茂密的作物上，使用效果比较好。细雾喷洒只适合于杀菌剂、杀虫剂的喷洒，能充分发挥细雾的穿透性能，在使用除草剂时不得采用细雾喷洒方法。

（三）喷液量

这是指单位面积的喷洒药液量，也称施药液量，有人也叫喷雾量、喷水量。喷液量的多少大体是与雾化程度相一致的，采用粗雾喷洒，就需要大的施药液量，而采用细雾喷洒方法，就需要采用低容量或超低容量喷雾方法。单位面积（667m²）所需要的喷洒药液量称为施药液量或施液量，用 L/667m² 表示。施药液量是根据田间作物上的农药有效成分沉积量以及不可避免的药液流失量的总和来表示的，是喷雾法的一项重要技术指标。根据施药液量的大小可将喷雾法分为高容量喷雾法、中容量喷雾法、低容量喷雾法、极低容量喷雾法和超低容量喷雾法。

（四）流失点与药液流失

作物叶面所能承载的药液量有一个饱和点，超过这一点，就会发生药液自动流失现象，这一点称为流失点。采用大容量喷雾法施药，由于农药雾滴重复沉积、聚并，很容易发生药液流失；当药液从作物叶片发生流失后，由于惯性作用，叶片上药液持留量将迅速降低，最后作物叶片上的药量就变得很少了。

在大雾滴、大容量喷雾方式条件下，药液流失现象非常严重。试验数据表明，果园喷雾中，有超过30%的药液流失掉，这些流失掉的药液不仅浪费，更为严重的是造成操作人员中毒事故和环境污染。药液流失如图1-3所示。

三、农药雾滴最佳粒径

农药使用时不要采用淋洗式喷雾方式，因这种"雨"样的粗

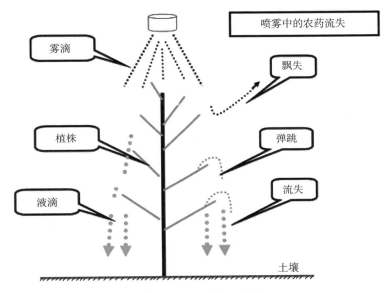

图1-3 农药流失示意图

大液滴农药流失严重，人员中毒风险大。"雾"有细雾、中等雾、粗雾之分，如何选择合适的农药喷雾方法呢？应按照最佳雾滴粒径的理论进行喷雾。

雾滴粒径与雾滴覆盖密度、喷液量有着密切的关系，如图1-4所示。一个粒径400μm的粗大雾滴，变为粒径200μm的中等雾滴后，就变为了8个雾滴，雾滴粒径缩小到100μm的细雾后，就变为64个雾滴。随着雾滴粒径的缩小，雾滴数目按几何级数增加。随着雾滴数量的增加，农药击中害虫的概率显著增加。

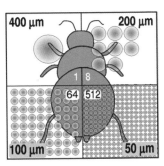

图1-4 雾滴粒径与雾滴数的关系

从喷头喷出的农药雾滴有大、有小，并不是所有的农药雾滴都能有效地发挥消灭"敌人"的作用。经过科学家的研究，发现只有在某一定粒径范围内的农药雾滴才能够取得最佳的防治效果，因此，就把这种能获得最佳防治效果的农药雾滴粒径或尺度称为生物最佳粒径，用生物最佳粒径来指导田间农药喷雾称之为最佳粒径理论。不同类型农药防治有害生物时的雾滴最佳粒径如图1-5所示。杀虫剂喷雾防治飞行的害虫时，最佳雾滴粒径为 $10\sim50\mu m$；杀菌剂喷雾时，最佳雾滴粒径为 $30\sim150\mu m$；除草剂喷雾时，最佳雾滴粒径为 $100\sim300\mu m$。从图1-5中可以看出，杀虫剂、杀菌剂、除草剂在田间喷雾时，需要的雾滴粒径是有区别的，像杀虫剂、杀菌剂要求的雾滴较细，而除草剂喷雾则要求较大的雾滴。

实际情况是，很多用户在农药喷雾时，根本不管是杀虫剂、还是除草剂，都用一种喷雾设备，用一种喷头，很容易出现问题。特别是在除草剂喷雾时，若采用细雾喷洒，则很容易造成雾滴飘移药害问题。

生物靶体	农药类别	生物最佳粒径（μm）
	杀虫剂	10~50
	杀菌剂	30~150
	杀虫剂	40~100
	除草剂	100~300

图1-5 防治不同对象所应采用的农药雾滴最佳粒径

不同类型的农药在喷雾时的雾滴选择可参考图1-6,在温室大棚这种封闭的环境中,可以采用烟雾这种极细雾的农药施用方式;对于杀虫剂和杀菌剂,应该采用细雾和中等雾喷雾方式;对于除草剂,应采用中等雾、粗雾的喷雾方式。

雾滴粒径的选择

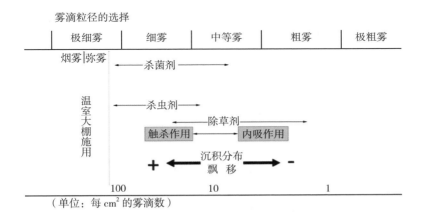

（单位：每 cm² 的雾滴数）

图1-6　不同类型农药所应采用的喷雾方式

四、雾滴测试卡

（一）技术要点

本技术产品用于快速检测评价田间农药喷雾质量,为低容量喷雾技术提供参数和指导。本技术已经获得国家发明专利（专利号 ZL2009 1 0236211.4）。本技术产品显色灵敏,应用便捷,在田间喷雾时,可以利用此卡测出雾滴分布、雾滴密度及覆盖度,还可用来评价喷雾机具的喷雾质量以及测定雾滴飘移。

使用方法如下。

（1）喷雾前：将雾滴测试卡布放在试验小区内的待测物上或

自制支架上。

（2）喷雾结束后：待纸卡上的雾滴印迹晾干后，收集测试卡，观测计数。

（3）在每纸卡上随机取 3~5 个 1cm² 方格：人工判读雾滴测试卡上每平方厘米上的雾滴印迹数，计算出平均值，即为此方格的雾滴覆盖密度（个 /cm²），如图 1-7a 和图 1-7b 所示。利用雾滴图像分析软件计算雾滴测试卡上的雾滴覆盖率（%）。本测试卡的雾滴扩散系数如表 1-2 所示，当雾滴印迹直径大于 300μm 时，雾滴在纸卡上的扩散系数趋于定值，其值为 1.8，雾滴印迹直径 /雾滴扩散系数 = 雾滴真实粒径，即为雾滴大小。另外，可通过目测，直接粗略判断喷雾质量的好坏。

 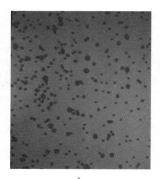

a   b

图 1-7　雾滴测试卡喷雾前后对比图

表 1-2　雾滴在雾滴测试卡上的扩散系数

雾滴印迹直径（μm）	扩散系数	雾滴真实粒径（μm）
100	1.6	62.5
200	1.7	117.6
300	1.8	166.7
1 000	1.8	555.5
2 000	1.8	1111.1

（二）注意事项

（1）使用中：请戴手套及口罩操作，防止手指汗液及水汽污染卡片。

（2）使用时：可用曲别针或其他工具将测试卡固定于待测物上，不可长时间久置空气中，使用时应现用现取。

（3）喷雾结束后：稍等片刻待测试卡上雾滴晾干后，及时收集纸卡，防止空气湿度大导致测试卡变色，影响测试结果；如果测试卡上雾滴未干，不可重叠放置，也不可放在不透气的纸袋中。

（4）室外使用时：阴雨天气或空气湿度较大时不可使用。

（5）实验结束后：若要保存测试卡，可待测试卡完全干燥后密封保存。

（6）不用时：测试卡应放置在阴凉干燥处，隔绝水蒸气以防失效。

五、雾滴密度比对卡

为便于田间喷雾时快速查明喷雾质量，可以采用图 1-8 所示的雾滴密度比对卡。用户在田间布放雾滴测试卡，得到喷雾后雾滴密度图后，与图 1-8 比较，就能快速查明雾滴的密度。例如，雾滴测试卡的雾滴密度状态与比对卡中的 100 个雾滴 /cm^2 类似，就可以判明喷雾质量为大约 100 个雾滴 /cm^2。

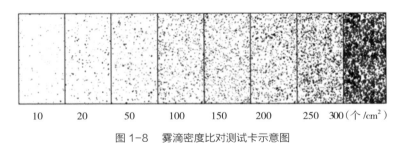

10　　20　　50　　100　　150　　200　　250　300（个 /cm^2）

图 1-8　雾滴密度比对测试卡示意图

六、农药喷雾的雾滴密度标准指导

(一) 蔬菜田喷雾指导

1. 露地蔬菜小菜蛾防治 (图1-9a和图1-9b)

选用药剂:1%甲氨基阿维菌素乳油。

喷雾器械:背负式手动喷雾器;自走式喷杆喷雾机。

雾滴粒径:150μm。

雾滴标准:(150±20) 个/cm^2。

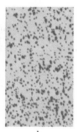

a   b

图1-9 露地蔬菜田喷雾防治和雾滴密度比对卡示意图

2. 温室大棚蔬菜烟粉虱防治 (图1-10)

选用药剂:25%环氧虫啶可湿性粉剂。

喷雾机具:热烟雾机。

药液配制:每667m^{2}地农药制剂推荐用量+水 (1.5L) +成烟剂 (0.5L)。

喷雾方式:喷头对空喷洒,细小烟雾因飘翔效应均匀沉积分布在作物各部位。

雾滴标准:(200±20) 个/cm^2。

施药液量:2L/667m^2

雾滴粒径:20~30μm。

测试雾滴卡位置：植株中部。

图 1-10　温室大棚蔬菜烟粉虱喷雾防治

3. 温室大棚蔬菜白粉病防治（图 1-11）

选用药剂：10% 苯醚甲环唑水分散粒剂。

喷雾机具：热烟雾机。

药液配制：每 667m² 地农药制剂推荐用量 + 水（1.5L）+ 成

图 1-11　温室大棚蔬菜白粉病喷雾防治

烟剂（0.5L）。

喷雾方式：喷头对空喷洒，细小烟雾因飘翔效应均匀沉积分布在作物各部位。

雾滴标准：（200±20）个/cm²。

施药液量：2L/667m²。

雾滴粒径：20~30μm。

测试雾滴卡位置：植株中部。

（二）小麦田喷雾指导

1. 小麦蚜虫防治（图1-12a和图1-12b）

喷雾机具：机动弥雾机。

推荐农药：70%吡虫啉水分散粒剂。

喷雾方式：喷头水平放置喷雾。

雾滴标准：（140±10）个/cm²。

测试雾滴卡位置：小麦穗部。

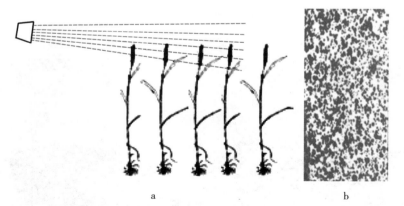

a   b

图1-12 小麦蚜虫喷雾防治与雾滴密度比对卡示意图

2. 小麦吸浆虫防治（图1-13）

喷雾机具：无人航空植保机。

推荐农药：2.5% 联苯菊酯超低容量油剂。

施药液量：300~500ml/667m²。

雾滴标准：(15±10) 个 /cm²。

测试雾滴卡位置：小麦穗部。

3. 小麦白粉病防治雾滴卡（图 1-14a 和图 1-14b）

喷雾器械：自走式喷杆喷雾机，背负式手动喷雾器。

推荐药剂：12.5% 腈菌唑乳油。

雾滴密度：(220±20) 个 /cm²。

图 1-13　小麦吸浆虫喷雾防治与雾滴密度比对卡示意图

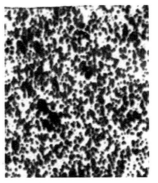

a　　　　　　　　　　　　　　　b

图 1-14　小麦白粉病喷雾防治和雾滴密度比对卡示意图

（三）水稻田喷雾指导

1. 吡蚜酮防治水稻稻飞虱的雾滴密度标准比对卡（图 1-15）

喷雾机具：机动弥雾机。

喷雾方式：下倾 45°~60° 喷雾。

雾滴标准：（100±20）个 /cm²。

测试雾滴卡位置：植株基部离地面 10~15cm 处。

图 1-15　水稻稻飞虱吡蚜酮机动喷雾防治

2. 吡蚜酮防治水稻稻飞虱的雾滴密度标准比对卡（图 1-16）

喷雾机具：手动喷雾器。

喷雾方式：叶面喷雾。

雾滴标准：（120±10）个 /cm²。

测试雾滴卡位置：植株基部离地面 10~15cm 处。

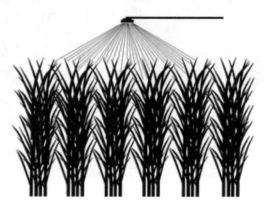

图 1-16　水稻稻飞虱吡蚜酮手动喷雾防治

3. 毒死蜱防治水稻稻飞虱的雾滴密度卡（手动喷雾器）（图 1-17a 和图 1-17b）

喷雾机具：手动喷雾器。

喷雾方式：叶面喷雾。

雾滴标准：（95±20）个/cm²。

测试雾滴卡位置：植株基部离地面 10~15cm 处。

由于稻飞虱在水稻基部为害，加之水稻冠层对叶面喷雾的阻挡作用，田间药液用量较大。以雾滴密度为标准，可根据田间水稻生长量，确定田间药液用量。药液用量：80~100L/667m²。

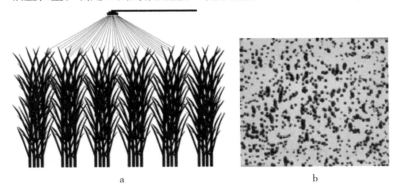

a   b

图 1-17 水稻稻飞虱毒死蜱喷雾防治和雾滴密度比对卡示意图

4. 氯虫苯甲酰胺防治水稻纵卷叶螟的雾滴密度卡（弥雾机）（图 1-18）

喷雾机具：机动弥雾机。

喷雾方式：水平喷雾。

雾滴标准：（140±25）个/cm²。

施药液量：15~30L/667m²。

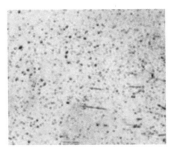

图 1-18 水稻纵卷叶螟氯虫苯甲酰胺喷雾防治雾滴密度卡示意图

测试雾滴卡位置：植株顶部往下 15~20cm 的冠层内。

5. 氯虫苯甲酰胺防治水稻纵卷叶螟的雾滴密度卡（手动喷雾器）（图 1-19）

喷雾机具：手动喷雾器。

喷雾方式：叶面喷雾。

雾滴标准：（82±9）个 /cm²。

测试雾滴卡位置：植株顶部往下 15~20cm 的冠层内。

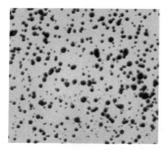

图 1-19　水稻纵卷叶螟氯虫苯甲酰胺喷雾防治雾滴密度比对卡示意图

（四）棉花蚜虫的防治

啶虫脒乳油喷雾防治棉花蚜虫雾滴密度卡（图 1-20）。

喷雾机具：背负手动喷雾器。

推荐药剂：3% 啶虫脒乳油。

雾滴标准：（175±20）个 /cm²。

测试雾滴卡位置：植株上部靠下。

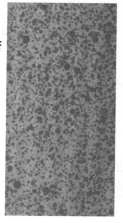

图 1-20　棉花蚜虫啶虫脒乳油喷雾防治雾滴密度比对卡示意图

第二章　农药剂型与农药施用

一、农药剂型与农药制剂

农药剂型与农药制剂并不是一回事。

农药剂型是指农药经加工后，形成具有一定形态、特性和使用方法的各种制剂产品的总称。例如，乳油、可湿性粉剂、悬浮剂、水乳剂、水分散粒剂等。每种农药剂型都可以包括很多不同产品。如乳油中可以包括40%毒死蜱乳油、40%辛硫磷乳油、4.5%高效氯氰菊酯乳油等。

农药制剂则是农药原药或母药经与农药助剂一起加工后制成的、具有一定有效含量的、可以进行销售和使用的最终产品。从农药经销部门购买、在农田中使用的农药大多属于农药制剂。如将92%阿维菌素原药加工成1.8%阿维菌素乳油或0.9%阿维菌素乳油，将95%腈菌唑原药加工成12.5%腈菌唑乳油或25%腈菌唑乳油等。其中，1.8%阿维菌素乳油或0.9%阿维菌素乳油，12.5%腈菌唑乳油或25%腈菌唑乳油就是农药制剂。

除了农药研究单位、生产企业和贸易公司外，我们在日常生活和农业生产过程中接触到的农药都是特定的农药制剂。根据防治和使用的需要，一种农药原药可以选择加工成多个农药剂型，而每一个农药剂型又可以包含许多不同含量、不同规格的农药制剂。对于一个选定的农药有效成分，剂型的不同预示着不同的制剂和使用中可能有不同的防治效果。

这也就是使用中需要进行农药适宜剂型与制剂选择的主要原因。

二、农药适宜剂型与制剂选择

（一）农药适宜剂型与制剂选择的依据

农药适宜剂型与制剂选择主要是针对田间实际喷施的作物或者需要防治的病虫草害等防治对象提出的。

对于目前田间农药施用来说，大多数是采用对水喷雾的使用方式。一般需要经过以下两个步骤：第一，将农药制剂加入水中，稀释成药液；第二，将药液用喷雾器械喷施到作物表面。

在这个过程中，下面几个方面的因素会不同程度地影响到防治效果。

①农药制剂加入水中，制剂入水是否能够自发分散，或者经搅拌后能否很好分散。

②稀释成的药液在喷施过程中是否稳定，或者说药液中分散的农药颗粒会不会很快向下沉淀。

③喷雾器喷出的雾滴能否沉积到待喷施作物或防治对象表面，并牢固地粘住。

这些因素都和使用农药的剂型种类与制剂特性有关系。

通过研究，项目组根据寄主作物叶片特性，把水稻、棉花、小麦、蔬菜、果树等分为两大类。即水稻、小麦、蔬菜中的甘蓝和辣椒、果树中的苹果等，它们叶片表面的临界表面张力较低（小于 30mN/m），属于难润湿（疏水）作物；棉花、蔬菜中的黄瓜、番茄等，它们叶片表面的临界表面张力较高（大于 40mN/m），属于易润湿（亲水）作物。同时我们研究发现，在推荐使用剂量下，登记使用的乳油类产品的药液可以在水稻、小麦、果树、甘蓝等难润湿作物叶面粘着并润湿展布；其他剂型，特别是高含量的可湿性粉剂、水分散粒剂、可溶粉剂、水剂等，则难以在这些作物叶面润湿展布；对于棉花、黄瓜等易润湿作物，登记使用的乳油、可溶液剂等液体剂型在推荐使用浓度下，大多可以较好地在这些作物叶面润湿展布，但可湿性粉剂、水分散粒剂等有的可以，有的则不可以。

因此，为了提高使用农药的防治效果，减少药液从作物叶片滚落流失的量，需要根据待喷施作物叶片类型选择适宜的农药剂型与制剂。

（二）农药适宜剂型与制剂选择方法

1. 对于选定的作物和防治对象，首先要选择获得国家登记的合法产品

我国实行农药登记管理制度，就是所有农药在进入市场销售和使用前必须获得国家农药登记。获得登记的产品都进行了比较规范的药效试验、毒理试验与安全性评价等鉴定，属于合法产品。

2. 在获得国家登记的合法产品中，优先选择质量好的产品

每个获得登记的产品都有具体的控制项目要求，技术指标符合或优于标准要求的产品更能保障田间实际施用的效果。

主要剂型与制剂技术指标要求与鉴别方法见后面有关内容。

3. 在质量好的产品中，优先选择对喷施作物润湿性好的产品

农药制剂对水形成的药液首先要对待喷施的作物具有好的润湿性，才能形成好的展布与沉积，并最终发挥好的防治效果。

药液对待喷施作物的润湿性，可以使用项目组研究发明的一种快速检测判断药液对待喷施作物湿润展布情况的"润湿展布比对卡"进行测定，其使用规程见后面有关内容。

（三）典型农药剂型与制剂介绍

按照制剂外观形态，主要分为固体、液体、气体 3 种农药剂型，在农业上使用的主要是固体剂型和液体剂型。

我国制定的农药剂型名称与代码国家标准（GB/T 19378-2003），规定了 120 个农药剂型的名称及代码，已获农药登记的剂型有 90 多种，但常用的仅有十几种。

下面重点介绍农业上常见的剂型种类与主要指标鉴别方法。

1. 可湿性粉剂（WP）

可湿性粉剂是农药的基本剂型之一，由农药原药、载体或填料、表面活性剂（湿润剂、分散剂）等经混合（吸附）、粉碎而成的固体农药剂型。加工成可湿性粉剂的农药原药一般不溶或难溶于水。常用杀菌剂、除草剂大多如此，因此，可湿性粉剂的品种和数量比较大。

对于田间喷雾施用来讲，可湿性粉剂必须具有好的湿润性与分散性。其外观应该是疏松、可流动的粉末，不能有团块；加水稀释可以较好湿润、分散并可搅拌形成相对稳定的悬浮药液供喷雾使用。

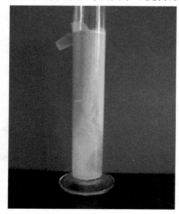

可湿性粉剂润湿性与分散性的简便鉴别方法为：在透明矿泉水瓶（或其他透明容器）中加入 2/3 体积（约 300ml）的水，用纸条或其他方便的方式加入约 1g 制剂。不搅动条件下，如制剂在 1min 内能润湿、并自发分散到水中，经搅动可以形成外观均匀的悬浮药液，静置 10min 底部没有明显的沉淀物出现，则

图 2-1　可湿性粉剂润湿性与分散性

可湿性粉剂润湿性与分散性基本符合要求，如图2-1所示。

2.水分散粒剂（WG）

水分散粒剂是在可湿性粉剂和悬浮（乳）剂基础上发展起来的颗粒化农药新剂型，一般呈球状或圆柱状颗粒，在水中可以较快地崩解、分散成细小颗粒，稍加摇动或搅拌即可形成高悬浮的农药悬浮液，供喷雾施用。它避免了可湿性粉剂加工和使用中粉尘飞扬的现象，克服了悬浮（乳）剂贮存与运输中制剂理化性状不稳定的问题，再加上制剂颗粒化后带来的包装、贮运及计量上的方便，目前已经成为喷洒用农药制剂的重要剂型之一。

正是由于水分散粒剂是在可湿性粉剂和悬浮（乳）剂基础上发展起来的颗粒化剂型，在其田间实际使用中，除要求其必须具有可湿性粉剂具有的润湿性与分散性外，还必须具有良好的崩解性。

水分散粒剂崩解性、润湿性与分散性的简便鉴别方法，可参考可湿性粉剂润湿性与分散性的简便鉴别方法。水分散粒剂入水后能较快下沉并在下沉过程中崩解分散，即表明水分散粒剂具有良好的崩解性；搅动或摇动后可以形成外观均匀的悬浮药液，静置10min底部没有明显的沉淀物出现，则水分散粒剂润湿性与分散性基本符合要求，如图2-2所示。

图2-2　水分散粒剂润湿性与分散性沉淀

3.悬浮剂（SC）

农药悬浮剂是由不溶于水的固体或液体原药、多种助剂（湿润分散剂、防冻剂、增稠剂、稳定剂和填料等）和水经湿法研磨粉碎形成的水基化农药剂型，分散颗粒平均粒径一般为 2~3μm，小于可湿性粉剂中药剂的分散颗粒粒径（目前，国家标准规定，可湿性粉剂细度为 98% 过 325 目实验筛——粒径 44μm 即为合格）。因此，对于相同的有效成分，药效一般比可湿性粉剂高。

悬浮剂属于不溶于水的农药颗粒悬浮在水中形成的粗分散体系，贮存中一般存在不稳定性，容易出现分层、底部结块等现象。因此，外观属于悬浮剂首要检查的指标。当选择使用悬浮剂时，应首先检查其外观是否合格。合格的悬浮剂应该是外观均匀、可流动、没有分层或底部结块存在；或稍有分层现象存在，但只要稍加摇动或搅拌仍能恢复匀相，并且对水能较好分散、悬浮，就不影响正常使用。

悬浮剂也是对水稀释后使用的剂型，同样要求具有良好的润湿性与分散性。其润湿性与分散性技术指标的优劣可以参考可湿性粉剂润湿性与分散性的简便鉴别方法进行测定。悬浮剂入水后能自

发分散并呈烟雾状下沉，搅动后可以形成外观均匀的悬浮药液，静置 10min 底部没有明显的沉淀物出现，则悬浮剂润湿性与分散性基本符合要求，如图 2-3 所示。

4. 乳油（EC）

乳油是农药最基本剂型之一，是由农药原药、乳化剂、溶剂等配制而成的液态农药剂型。主要依靠有机溶剂的溶解作用使制剂形成匀

图 2-3　悬浮剂润湿性与分散性

相透明的液体；利用乳化剂的两亲活性，在配制药液时将农药原药和有机溶剂等以极小的油珠（粒径 1~5μm）均匀分散在水中并形成相对稳定的乳状液供喷雾使用。一般来说，凡是液态或在有机溶剂中具有足够溶解度的农药原药，都可以加工成乳油。

乳油的最主要技术指标是乳化分散性和乳液稳定性，这主要取决于制剂中使用乳化剂的种类和用量。乳油的乳化受水质（如水的硬度）、水温影响较大，使用时最好先进行小量试配，乳化合格再按要求大量配制。如果在使用时出现了浮油或沉淀，药液就无法喷洒均匀，导致药效无法正常发挥，甚至出现药害。

快速鉴别乳油产品的质量好坏，可首先检查外观，静置时乳油是匀相透明的液体，不能分层和有沉淀；摇动后也必须保持匀相透明，不能出现混浊或透明度下降，也不能出现分层或产生沉淀。然后参照可湿性粉剂润湿性与分散性的简便鉴别方法，观察乳油入水的自发分散性与乳液稳定性。制剂入水呈云雾状自发分散下沉，搅拌后形成乳白色乳状液，且放置 10min 没有明显的油状物漂浮或沉在瓶底即基本符合要求，如图 2-4 所示。

图 2-4　油状乳白色乳状液

5. 水乳剂（EW）

水乳剂是部分替代乳油中有机溶剂而发展起来的一种水基化农药剂型。是不溶于水的农药原药液体或农药原药溶于不溶于水的有机溶剂所得的液体分散于水中形成的不透明乳状液制剂。与乳油相比，减少了制剂中有机溶剂用量，使用较少或接近乳油用量的表面活性剂，提高了生产与贮运安全性，降低了使用毒性和环境污染风险。

和乳油一样，水乳剂是对水稀释后喷雾使用的农药剂型，在加水稀释施用时和乳油类似，都是以极小的油珠（粒径 1~5μm）均匀分散在水中形成相对稳定的乳状液，供各种喷雾方法施用。其最主要技术指标是乳化分散性和乳液稳定性。

由于制剂中大量水的存在，制剂在贮运过程中会产生油珠的聚并而导致破乳，影响贮存稳定性。所以，使用水乳剂时一般要求先检查制剂的外观，理想的水乳剂产品应该是均相稳定的乳状液，没有分层与析水现象。如果有轻微分层或析水，经摇动后可恢复成匀相者也可以使用。

水乳剂入水分散性与乳液稳定性的快速鉴别和乳油一样。

6. 微乳剂（ME）

从本质上讲，农药微乳剂和水乳剂同属乳状液分散体系。只不过微乳剂分散液滴的粒径比水乳剂小得多，可见光几乎可完全通过，所以我们看到的微乳剂外观几乎是透明的溶液。农药微乳剂比水乳剂分散度高的多，可与水以任何比例混合，而且所配制的药液也近乎真溶液。但这并不代表其药效会比乳油或水乳剂所配制的白色浓乳状药液差，相反由于其有效成分在药液中高度分散、提高了施用后的渗透性，从而提高了药效。否则，如果微乳剂对水稀释配制的药液为白色乳浊液，说明这种微乳剂质量不合格。

另外，微乳剂的稳定性与温度有关，在一定温度范围内，微乳剂属于热力学稳定体系，超出这一温度范围，制剂就会变浑浊或发生相变，稳定性被破坏从而影响使用。

所以，外观是微乳剂的重要技术指标之一。如果买到的微乳剂静置时不是匀相透明的液体，有分层或沉淀；摇动后制剂不再匀相透明，而是出现混浊或透明度下降，则其质量肯定有问题。

（四）农药制剂的混合使用

农药制剂的混合使用主要是指使用者在施药现场根据实际需要或产品标签说明将两种或两种以上农药制剂或其药液混配到一起，成为一种混合制剂或药液使用，这完全有别于由生产企业按照一定的配比将两种或两种以上的农药有效成分与各种助剂或添加剂混合在一起加工成固定的剂型和一定规格制剂的农药混配。农药制剂合理混用，可以扩大使用范围、兼治多种有害生物、提高工效；有的还可以提高防效、减缓抗药性产生、避免或减轻药害等。但是，农药制剂混合使用必须遵循一定的原则。

1. 农药制剂混用的原则

（1）保证混用农药有效成分的稳定性：混用后影响农药有效成分稳定性的一种情况是有效成分间存在着物理化学反应。例如，石硫合剂与铜制剂混合就会发生硫化反应，生成有害的硫化铜；多数有机磷酸酯、氨基甲酸酯、拟除虫菊酯类农药与碱性较强的波尔多液、石硫合剂等混合就会发生分解反应。

混用后影响农药有效成分稳定性的另一种情况是混用后药液酸碱性的变化对有效成分稳定性的影响，这也是最常见的一种情况。比如，常见的碱性药剂波尔多液、石硫合剂，常见的碱性化肥氨水、碳酸氢铵的水溶液都呈碱性，多数农药一般对碱性比较敏感，不宜与之混用；常见的酸性药剂如硫酸铜、硫酸烟碱、乙烯利水剂等同样也不适合与酸性条件下不稳定的农药有效成分混用。例如 2，4-D 钠盐或铵盐、2 甲 4 氯钠盐等制剂不适合混用。又如立体构型较单一的高效氯氰菊酯、高效氯氟氰菊酯等一般只在很窄的 pH 值范围内（4~6）稳定，介质偏酸易分解，介质偏碱易会"转位"，也不适合与上述偏酸或偏碱药剂混合使用。

除了上述两种情况之外，很多农药品种也不宜与含金属离子的药剂混用。例如，二硫代氨基甲酸盐类杀菌剂、2，4-D类除草剂与铜制剂混用可生成铜盐降低药效；甲基硫菌灵、硫菌灵可与铜离子络合而失去活性等。

（2）保证混用后药液有良好的物理性状：任何农药制剂在加工生产时，一般只考虑该制剂单独使用时的物理化学性状及技术指标要求，不可能考虑到与其他制剂混用后各项技术指标是否仍符合相关标准要求。因此，任何制剂混合使用时都要考虑混用后对药液物理性状的影响。

一般而言，相同剂型的农药制剂使用相同或相似的表面活性剂，对水稀释后形成的药液也基本属于相同或相似的体系。因此，同种剂型间混用一般不会影响药液的物理性状。但对于不同剂型农药制剂的混用，情况就比较复杂；特别是分别对水稀释后形成的药液物理性状完全不同的制剂混用，就必须考虑混用后对药液物理性状的影响。例如，乳油和可湿性粉剂的混用，乳油对水稀释形成的是水包油微细液滴分散在水中形成的乳状液，而可湿性粉剂对水稀释形成的是微细农药颗粒悬浮在水中形成的悬浮液。这两种完全不同的体系混合后，就可能引起乳状液变差，出现浮油、沉淀等现象；或者影响悬浮液的悬浮性能，出现絮结、沉淀等现象。如果混用会造成药液物理性状恶化，如乳状液破乳、出现浮油，则肯定会影响药效，甚至造成药害。

（3）保证有效成分的生物活性：不同药剂往往具有不同的作用机制或不同的作用位点，如果混用不合理，药剂间产生了颉颃作用就会使药效降低，甚至失去活性。

例如，杀虫隆、定虫隆、伏虫隆、氟虫脲和除虫脲属于苯酰基脲类昆虫几丁质合成抑制剂，其作用机制主要是通过抑制几丁质的合成或沉积以阻止新表皮的形成，从而使昆虫不能正常蜕皮而死亡；而抑食肼和米满属于双苯甲酰基肼类昆虫生长调节剂，其作用机理是促进幼虫蜕皮、抑制其取食而使幼虫死亡。属于两类化学结构不同、作用机理完全相反的化合物，在田间不可随意混合使用。

　　使用过程中因不合理混用影响药剂生物活性的例子也很多。例如敌稗与有机磷、氨基甲酸酯类农药混用或临近使用容易产生药害即是一个典型的例子。敌稗单独在水稻田使用比较安全，主要是因为水稻植株中有一种可以分解敌稗的酰胺酶，由于有机磷、氨基甲酸酯类农药对这种酶具有一定抑制作用，二者混用就会降低水稻对敌稗的降解作用而容易造成药害。

　　2. 农药制剂混用的方法

　　（1）优先选择同种剂型间产品混用。

　　（2）采用先加水再加药的方式配制药液，并充分搅拌、混合均匀。

　　（3）推荐使用剂量下，不同剂型间混用，需进行药液稳定性试验。

　　将混合后的药液放置30min，观察药液外观变化。如果无明显颜色、透明度、浮油、沉淀物等变化，则可对水稀释或混合使用。

　　此外，也可对光观察药液，判断药液中是否有结晶析出。如果无结晶析出，则可对水稀释或混合使用。

　　（4）不同剂型间混用时，先将一种剂型对水稀释后再加入另一种剂型混合。

　　（5）不同剂型桶混时，药液需在1h内喷施完毕。

（6）剂型间混合使用时，可参考表2-1所示。

表2-1　农药剂型混用参考表

品种		液体剂型			固体剂型		
		乳油	水乳剂	微乳剂	可湿性粉剂	水分散粒剂	悬浮剂
液体剂型	乳油	√	√	√	?	?	?
	水乳剂	√	√	√	?	?	?
	微乳剂	√	√	√	?	?	?
固体剂型	可湿性粉剂	?	?	?	√	√	√
	水分散粒剂	?	?	?	√	√	√
	悬浮剂	?	?	?	√	√	√

注："√"表示可以混用，"?"表示混用前需要进行药液稳定性试验

三、农药助剂

农药助剂有很多种，这里主要介绍田间使用农药时添加的农药助剂，也叫桶混助剂。

农药桶混助剂属于农药制剂混合使用的特例，是喷雾前添加在药桶（或喷雾器）中的助剂。这类助剂的种类繁多、用量大小不等、作用方式多种多样，但终极目标都是通过改善药液在待喷施作物或防治对象上的附着、展布或渗透（吸收）来提高药效。

（一）为什么要使用桶混助剂

主要是弥补农药在使用过程中药液对待喷施作物润湿性不足的缺陷。

农药制剂加工中虽然也使用了助剂，但这类助剂主要是为了优化农药的乳化性、悬浮性、湿润性等物理性状或指标，其种类和含量不一定能够满足药液对靶标动植物的湿润与展布。另外，制剂配方中能够加入的助剂种类和用量是有限的，而喷雾条件、

喷施作物、防治对象、水质、气候等则千差万别,仅靠加工助剂不可能完全满足农药制剂稳定与使用的所有要求。

正如前面所介绍的,在推荐使用剂量下,多数农药产品的药液难以在水稻、小麦、果树、甘蓝等难润湿作物叶面沾着并润湿展布,喷施后的药液容易从叶面滚落,从而影响防治效果。所以,使用助剂的主要目的就是弥补制剂药液使用中对待喷施作物润湿性不足的缺陷。

图2-5是在药液中添加颜料后拍摄的图片,可以直观地显示药液中添加助剂后对喷施作物(甘蓝)润湿性的改善。未加助剂的药液喷施在甘蓝叶片上,雾滴呈球形水珠,并逐渐由小到大聚并在一起(图2-5a),然后水珠滚落至叶柄基部溢出(图2-5b);添加助剂后,药液对甘蓝叶片的润湿性得到改善,喷施到叶片上的雾滴不再呈球形水珠,也基本消除了聚并的趋势,形成较好的沉积状态(图2-5c)。

  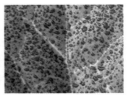

a. 未加助剂药液的沉　　b. 水珠滚落至叶柄基　　c. 添加助剂药液的沉
　　积形态　　　　　　　　部溢出　　　　　　　　积形态

图2-5　农药药液中添加助剂前后药液在植物叶片呈现不同状态

（二）桶混助剂的选择与使用

目前,市场上销售使用的桶混助剂有很多种,生产或经销商一般都会给出具体的使用说明。需要注意的是,并不是所有的作物或者防治对象都需要使用桶混助剂。

上述说过，使用助剂的主要目的是弥补制剂药液使用中对待喷施作物润湿性不足的缺陷；如果选择的剂型或制剂的药液能够较好润湿待喷施作物，则不需要使用桶混助剂。否则，就会因为药液过度润湿、过度展布而流失，反而降低了喷施作物上的药剂量，最终影响了防治效果。

比如，水稻、小麦、蔬菜中的甘蓝和辣椒、果树中的苹果等属于难润湿（疏水）作物，在推荐使用剂量下，通常多数农药制剂的药液不能在其表面形成很好润湿，需要使用桶混助剂。但对于棉花、蔬菜中的黄瓜、番茄等易润湿（亲水）类作物，多数农药制剂的药液可以在其表面形成很好润湿，则不需要使用桶混助剂。

当然，如果使用低容量喷雾器械，或者采用低容量喷雾技术使用农药，也就是说，单位面积上喷施的药液量减少了，或者说喷出的雾滴更细且均匀了，则桶混助剂可以根据实际需要使用。

桶混助剂的选择与使用可以采用项目组研发的农药"润湿展布比对卡"（图2-6）。

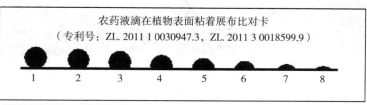

形态	液滴行为	助剂用量	形态	液滴行为	助剂用量
1，2	滚落 极少粘附	++++	5，6	粘附 不能展布	++
3，4	滚落 极少粘附	+++	7，8	粘附 润湿展布	+

图2-6 农药"润湿展布比对卡"

四、农药"润湿展布比对卡"使用说明

农作物种类多，不同作物的表面特性不同。农药商品多，不同的农药商品在一种作物上的润湿展布性能不同。因此，当农药被喷洒到农作物上时，雾滴的行为方式不同，而农药润湿展布比"对卡"，如图 2-6 所示，很好地反映了农药雾滴在作物表面的行为结果。农药雾滴只有粘附在作物表面并很好的润湿展布才能有最大的覆盖面积，达到最佳保护效果。

农药"润湿展布比对卡"的具体使用方法如下。

将按标签配制的药液点滴在水平放置的待喷施作物的叶片上，观察药液液滴的形状，并与"润湿展布比对卡"进行比对，如图2-7所示。

图 2-7　药液液滴与润湿展布比对卡比较

当药液液滴的形状介于 7~8、或者与 7 或 8 相符时，表明所配制的药液能够在待喷施作物上润湿并展布，不必再在药液中加用助剂或只加少量的助剂。

当药液液滴的形状介于 5~6、或者与 5 或 6 相符时，表明所配制的药液能够润湿待喷施作物表面，但不能展布。当药液液滴的形状介于 3~4、或者与 3 或 4 相符时，表明所配制的药液极易从待喷施作物滚落，只有少量的雾滴能够粘附在待喷施作物表面。

当药液液滴的形状介于 1~2、或者与 1 或 2 相符时，表明绝

大多数的药液将从待喷施作物表面滚落，药液难以润湿并粘附在待喷施作物上。

当药液液滴的形状介于 1~6 的范围时，可先在配制好的药液中少量逐次加入助剂，再将药液点滴在水平放置的待喷施作物的叶片上，观察药液液滴的形状，并与润湿展布比对卡进行比对，直至液滴形状介于 7~8，或者与 7 或 8 相符为止。记住加入的助剂量，作为同种农药品种在同一种喷施作物上喷雾时，助剂用量的依据。

第三章 柑橘红蜘蛛防治

一、柑橘红蜘蛛分布与危害

柑橘红蜘蛛（*Panonychus citri* McGregor），又名柑橘全爪螨，柑橘红叶螨，柑橘瘤皮红蜘蛛，属蛛形纲，蜱螨亚纲，真螨总目，前气门目，叶螨科。柑橘红蜘蛛在中国各柑橘产区广泛分布，20世纪50年代后期已成为柑橘主要害虫。在我国主产柑橘的地区首先是浙江省、福建省、湖南省、四川省、广西壮族自治区、湖北省、广东省、江西省、重庆市和台湾地区等10个省（区、市），其次是上海市、贵州省、云南省、江苏省等省（市），除此之外，陕西省、河南省、海南省、安徽省和甘肃省等省也有种植。这些地区均有柑橘红蜘蛛分布。

柑橘红蜘蛛主要为害柑橘类植物，成螨、若螨和幼螨均能为害，特别是柑橘苗圃和幼年树为害更重。为害时，柑橘红蜘蛛以口器刺破叶片、绿色枝梢及果实表皮，吸收汁液，被害叶面呈现许多灰色小斑点，失去光泽，严重时全叶灰白，大量落叶。特别是每年3月开花前后严重发生时，造成春梢嫩叶脱落，加重了落花及生理落果，影响树势和产量以及果实质量。柑橘红蜘蛛也可为害柑橘果实及绿色枝梢。

二、柑橘红蜘蛛诊断方法

（一）识别特征

雌成螨体长约0.4mm，深红色，近椭圆形，背面有瘤状突起

13 对，每一突起上生白色刚毛，如图 3-1a 和图 3-1b 所示。雄成螨略小鲜红色，后端较狭成楔形，足 4 对。卵球形略扁，直径 0.13mm，色淡。若螨，足 4 对，体较小近似于成螨。

a

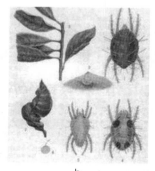

b

图 3-1　柑橘红蜘蛛

（二）病害发生特点

柑橘红蜘蛛年发生代数主要受温度影响。地区年平均温度超过 18℃可发生 16~17 代；年平均气温 15℃的地区可发生 12~15 代。世代重叠多以卵或成螨在柑橘叶背或枝条芽缝中越冬。调查表明，柑橘红蜘蛛四川省一年可发生 12~20 代；广西壮族自治区一年发生约 20 代；广东省一年发生 16~18 代；福建省一年发生 20 余代，周年可见，冬季无滞育现象；安徽省一年发生 16~17 代。

柑橘红蜘蛛一年中以春、秋两季发生最为严重。4~6 月春梢时期，柑橘红蜘蛛从老梢迁移到新梢为害，迁上新梢 1 个月左右成灾。6~8 月夏季高温季节虫口较少，秋季 9~10 月虫口又复上升，为害秋梢也会成灾。

柑橘红蜘蛛发育和繁殖的适宜温度范围是 20~30℃，最适温度 25℃左右，适温干旱是螨类猖獗发生的重要因素。各虫态历期，在广东一带卵期在气温 21~28℃时平均 6d 左右；20~22℃时 8d 左右；17℃时 12d 左右；前、后若螨期均 2~3d；雌成螨寿命为 18d。成虫产卵前期在气温 26~28℃时 3~5d；20~22℃时为 8d 左右；17℃时 11d 左右；13℃时 20d 左右。在广东省，由卵至成螨，雌螨需 9.05~23.53d；雄螨需 8.05~22.31d；一般蜕皮 3 次，但 5 月中旬至 10 月中旬，平均气温 25℃以上时，部分幼螨未经前若螨期直接进入后若螨期。

柑橘红蜘蛛行两性生殖，有时也行孤雌生殖，但其后代均为雄螨。雌螨出现后即行交配，一生可交配多次，交配后 l~4d 即产卵。春季世代产卵量最多，夏季世代产卵量最少。卵多产于叶片、果实及嫩枝上，叶片正、反面均有，但以叶背主脉两侧居多。各代各虫态的历期均以成螨期最长，其次为卵，其他各虫态均较短。湿度对红蜘蛛发生、生长发育有显著影响。相对湿度为 70%~90% 时，卵的孵化率在 90% 以上，幼螨成活率高，雌螨产卵期长，种群数量增加快；相对湿度大于 90% 或小于 60%，均不利于红蜘蛛生长发育。

三、柑橘红蜘蛛发生条件

（一）气候因素

柑橘红蜘蛛是喜温型螨类。春秋季温暖、少雨，相对湿度较低日照较长有利于红蜘蛛发生。柑橘红蜘蛛最适温度 25℃，相对湿度 70%，当温度超过 30℃时，逐渐不适合红蜘蛛生长发育，其死亡率增加。

（二）营养条件

红蜘蛛在柑橘树上的分布为聚集型，以树冠的上层、东向的虫口密度最大，中层次之，下层最少。红蜘蛛常随枝梢的顺序而转移，春季先在春梢上，继而转移到夏梢，最后转移到秋梢上为害，红蜘蛛的虫口高峰期一般与春、秋梢抽发期吻合，这时营养丰富，雌螨所占比例较大，产卵量也较多。

（三）越冬基数

当年柑橘红蜘蛛能否大量发生，与前一年柑橘园中越冬虫口基数有密切关系。一旦上一年越冬基数每叶螨数超过1头以上，当年可能就是发生猖獗年；若上一年越冬虫口基数每叶螨数0.5头以下，当年可能就是一般发生年。

（四）天敌

柑橘红蜘蛛的天敌种类较多，捕食螨、捕食性蓟马、草蛉、隐翅虫、花蝽、尼氏钝绥螨、东方钝绥螨、间泽钝绥螨、寄生菌等，对柑橘红蜘蛛均有显著抑制作用。

（五）其他因素

增施有机肥、磷、钾肥；加强修剪及冬季适当清园，可以有效地控制红蜘蛛的发生；使用农药时，注意轮换使用，可有效地延缓害螨的抗性产生；在重发区，应尽量少用铜制剂，避免刺激红蜘蛛大量繁殖，难以控制。

四、柑橘红蜘蛛防治技术

（一）常规防治技术

1. 农业防治

（1）认真做好冬季修剪和清园工作：剪除红蜘蛛严重长势弱的枝条，树干涂白，采后清园可减少越冬虫源，又可调节橘树长势。

（2）加强橘园肥水管理：保花保果，促进树势生长，提高对红蜘蛛的抵抗力。

（3）提倡橘园内种植绿肥，增加地面覆盖：春季橘园内种植豆科作物或芝麻等，控制过度使用除草剂，尽可能做到割草铺地，保持橘园内阴湿的生态环境，以利于天敌的生态。

2.　化学防治

（1）防治时间：虫口密度大的树在春梢芽长 2~3cm、冬卵孵化盛期、虫未上新梢为害时进行第 1 次喷药，以后依据虫势发生情况决定进行第 2 次喷药（平均每叶 2~3 头时用药）。

（2）防治药剂：药剂要选择对天敌安全，对害虫效果好的农药，注意轮换用药，同时尽量采用雾化好、雾点细的喷雾器械。可使用的药剂有：

① 40% 螺螨酯·三唑锡水乳剂，对水配成 1 000~2 000 倍液喷雾。

② 55% 单甲脒盐酸盐水剂，对水配成 1 500~2 500 倍液喷雾。

③ 30% 炔螨特水乳剂，对水配成 750~1 000 倍液喷雾。

④ 10% 哒螨灵水乳剂，对水配成 1 000~1 500 倍液喷雾。

⑤ 40% 四螨嗪悬浮剂，对水配成 3 000~4 000 倍液喷雾。

⑥ 30% 三唑锡悬浮剂，对水配成 2 000~3 000 倍液喷雾。

⑦ 10% 阿维·苯丁锡乳油，对水配成 1 000~2 000 倍液喷雾；

⑧ 5% 噻螨酮可湿性粉剂，对水配成 1 667~2 000 倍液喷雾。

⑨ 20% 哒螨灵可湿性粉剂，对水配成 3 000~4 000 倍液喷雾。

⑩ 8% 唑螨酯微乳剂，对水配成 1 600~2 400 倍液喷雾。

（二）高效安全科学施药技术

由于该螨体型小、繁殖力强、年发生代数多、世代重叠严重，常规化学防治通常选用单一药剂，加之药剂的选择、稀释以及施用不当，往往很难达到良好的防治效果。

2009 年以来，国家公益性行业（农业）科研专项《农药高效安全科学施用技术》项目研究团队经近 5 年的协作攻关，科学筛选出对柑橘红蜘蛛具有理想防效的单剂和现场桶混药剂优选配方，提出了高效安全防治柑橘红蜘蛛技术体系。

1. 科学选药

科学选药是前提。长期使用单一杀螨剂防治柑橘红蜘蛛，会导致抗药性产生。因此，根据柑橘红蜘蛛对常用杀螨剂的敏感性变化，科学选用有效单剂或桶混优选配方是高效安全防治柑橘红蜘蛛的前提条件。

（1）选用安全高效的单剂：根据 2009~2012 年常用杀螨剂对柑橘红蜘蛛的敏感性测定结果，下列单剂可作为有效防治柑橘红蜘蛛的药剂优先推荐使用。

① 25% 螺螨酯悬浮剂，稀释 5 000 倍，加水喷雾。

② 15% 哒螨灵乳油，稀释 1 000 倍，加水喷雾。

③ 5% 噻螨酮乳油，稀释 1 000 倍，加水喷雾。

④ 73% 炔螨特乳油，稀释 2 000 倍，加水喷雾。

⑤ 50% 丁醚脲可湿性粉剂，稀释倍数 2 000~2 500 倍，加水喷雾。

（2）使用混剂：为了避免或延缓柑橘红蜘蛛对杀螨剂的敏感性降低，提高防治效果，延长药剂的使用年限，项目组以对混剂进行了试验，筛选出对柑橘红蜘蛛具有理想防效的混剂。

① 10% 阿维菌素·哒螨灵水乳剂，在柑橘红蜘蛛种群数量上升初期施药，使用浓度以 40~50mg/kg（稀释倍数 2 000~2 500 倍液）为宜。

② 30% 阿维·炔螨特水乳剂，在柑橘红蜘蛛种群数量上升

初期施药，使用浓度以 200~300 mg/kg（稀释倍数 1 000~1 500 倍液）为宜。

2．做好测报，适期施药（表）

（1）防治指标：开花前有螨叶率 65%，平均每叶有螨 2 头；花后有螨叶率 85%，平均每叶 5 头；盛发期每叶或每果 3~5 头，应下药防治。

（2）早期或低密度期：在早期或密度较低时可使用速效性一般但持效性长的药剂，如噻螨酮、阿维菌素和唑螨酯等。

（3）高密度期：在发生密度较高时，使用速效性好的药剂，如螺螨酯、三唑锡、哒螨灵和克螨特等。

表　防治柑橘红蜘蛛常用推荐药剂一览表

序号	药剂名称	通用名	用量	使用时期	使用方法
1	40% 螺螨酯·三唑锡水乳剂		200~400mg/kg	春秋季	喷雾
2	55% 单甲脒盐酸盐水剂	单甲脒盐酸盐	220~366.7mg/kg	春秋季	喷雾
3	30% 炔螨特水乳剂	炔螨特	300~400mg/kg	秋季	喷雾
4	10% 哒螨灵水乳剂	哒螨灵	66.7~100mg/kg	6 月以后	喷雾
5	40% 四螨嗪悬浮剂	四螨嗪	100~133mg/kg	冬卵盛孵期	喷雾
6	30% 三唑锡悬浮剂	三唑锡	100~150mg/kg	9 月	喷雾
7	10% 阿维·苯丁锡乳油		50~100mg/kg	萌芽至开花前	喷雾
8	5% 噻螨酮可湿性粉剂	噻螨酮	25~30mg/kg	萌芽至开花前	喷雾
9	13% 唑螨酯·炔螨特	炔螨特	86.7~130mg/kg	春秋季	喷雾
10	8% 唑螨酯微乳剂	唑螨酯	33.3~50mg/kg	春秋季	喷雾
11	20% 甲氰菊酯	甲氰菊酯	67~100mg/kg	虫口基数大时	喷雾
12	200g/L 双甲脒	双甲脒	100~200mg/kg	春秋季	喷雾
13	30% 甲氰·乐果		200~300mg/kg	春秋季	喷雾

序号	药剂名称	通用名	用量	使用时期	使用方法
14	25 联苯菊酯	联苯菊酯	20.8~31.25mg/kg	春秋季	喷雾
15	29% 石硫合剂	石硫合剂	0.5~1（°Be′）	萌芽前；果实开始着色至成熟期	喷雾
16	25% 毒死蜱	毒死蜱	250~500mg/kg	春秋季	喷雾
17	21% 氰戊·马拉松		53~70mg/kg	春秋季	喷雾
18	25% 单甲脒盐酸盐	单甲脒盐酸盐	208~250mg/kg	春秋季	喷雾
19	500 溴螨酯	溴螨酯	333~500mg/kg	春秋季	喷雾
20	500 丁醚脲	丁醚脲	300~450g/hm^2	春秋季	喷雾

第四章　梨黑星病防治

一、梨黑星病发生与危害

梨黑星病又名疮痂病、黑霉病及斑点病，是我国南方和北方梨区普遍发生，流行性强，损失大的一种重要病害。从梨的落花期一直为害到果实成熟期。特别是在江淮流域气候温暖多雨的地区以及辽宁省、河北省、河南省、山西省、山东省和陕西省种植鸭梨、白梨等高度感病品种的梨区，遇上气候适于病害流行的年份，此病经常流行，不仅造成很大损失，而且品质下降，丧失或降低了果品的商品价值。同时，由于病害流行，造成病叶大量早落，使梨树树势衰弱，严重影响来年梨果的产量和质量。

二、梨黑星病诊断方法

（一）识别特征

梨黑星病可为害梨树所有绿色幼嫩组织，如花序、叶片、叶柄、新梢、芽鳞及果实等，其中以叶片、果实为主。此病从梨的开花期直到采收期均可发生为害，具有多次再侵染的严重性。

1. 花序或春梢感病

梨黑星病在春季最先发病的部位是花序或新梢的基部，形成"乌码子"，致使花序和新梢萎蔫枯死，然后从这些发病中心逐步向四周叶片、新梢以及果实传播蔓延，如图 4-1 所示。最典型的症状是在发病部位产生明显的黑色霉层，故又有黑霉病之称。

图 4-1 花序或春梢感染梨黑星病

2.叶片感病

叶片受害多发生在叶背，发病初期，沿叶脉或在叶脉之间产生放射形、圆形或椭圆形淡黄色斑点，数日后病斑上长出黑色霉状物，严重时病斑融合，叶背面布满黑色霉层，叶正面为多角形或圆形褪绿黄斑，如图 4-2a 和图 4-2b 所示。严重时，叶正反面都长满黑色霉层，致使叶片干枯而脱落。

3.叶柄或果梗感病

a

b

图 4-2 叶片感染梨黑星病

图 4-3 叶柄或果柄感染梨黑星病

叶柄、果梗症状相似，出现黑色椭圆形的凹陷斑，病部覆盖黑霉，缢缩，失水干枯，致叶片或果实早落，如图 4-3 所示。

4.新梢感病

春季病芽萌发的新梢为病梢，病梢叶片初变红，再变黄，最后干枯，不易脱落，或脱落而呈干橛状；生长期新梢受害，多在徒长枝或秋梢幼嫩组织上形成病斑，病斑椭圆形或近圆形，淡黄色，微隆起，表面有黑色霉层，以后病部凹陷、龟裂，呈疮痂状，如图 4-4a 和图 4-4b 所示。

a　　　　　　　　　　　　　　b

图 4-4　新梢感染梨黑星病

5. 果实感病

果实受害，初期为淡黄色斑点，逐渐扩大长出黑霉。幼果发病部位稍凹陷，木栓化，坚硬并龟裂，停止生长呈畸型，易脱落；果实生长到中后期，果面病斑上的黑霉层往往被雨水冲刷掉，病部常被其他杂菌腐生，长出粉红色或灰白色的霉状物，如图 4-5a、图 4-5b 和图 4-5c 所示。果实生长后期受害，果面出现大小不等的圆形或近圆形黑色病斑，表面干硬、粗糙，霉层很少，果实不畸形。采收前受害，果面出现淡黄色小病斑，边缘不整齐、多呈芒状，无霉层；采收后如经短期高温高湿，则病斑扩展很快，并长出大量黑色霉层。

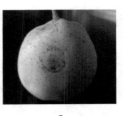

a   b   c

图4-5 果实感染梨黑星病

（二）侵染循环

梨黑星病菌的越冬方式，随不同地区及环境条件而不同，概括起来有以下3种情况。

以菌丝体或分生孢子在病梢或芽鳞片内越冬；以分生孢子在落叶上残存越冬；以菌丝团或原生假囊壳在落叶上越冬，第二年春季形成子囊孢子。其中，以前两种为主要越冬方式。例如在辽宁省和北京市，主要以病梢、病芽上残存的分生孢子越冬，第二年春季发芽时，病芽长出病梢，病梢上产生的黑霉即为病菌的分生孢子，可成为当年的主要初侵染来源。又如陕西省关中地区，在干旱寒冷的冬季病菌主要以落叶上残存的分生孢子越冬。如果冬季温暖潮湿，分生孢子因易丧失生活力而不能过冬，但是，病菌却在长期地适应发展中，转而在落叶上大量形成菌丝团（12月）及假囊壳（1~2月）过冬，第二年春天（3月）再产生子囊孢子进行初侵染。由于病菌能否形成子囊壳主要决定于落叶后冬季的湿度条件，因此，在不同年份、不同地区、甚至同一地区的不同小环境中，均可有不同的越冬方式。再如四川省雅安地区因雨量充沛，病菌也可以有性世代在落叶上过冬，初侵染源为子囊孢子，而苏北地区的病菌则以菌丝体在病梢上越冬，第二年春天萌芽前再形成新的分生孢子进行初侵染。

三、梨黑星病发生条件

梨黑星病的发生流行和为害程度，与梨黑星病的菌源、梨栽培品种和气候条件以及发生时间等因素密切相关。

(一) 菌源特点

梨黑星病是一种真菌病害，病原为 *Venturia nashicola* Tanaka et Yamamoto，属子囊菌，其无性时期为 *Fusicladium* sp.。在梨树种植区，梨黑星病菌菌源的存在与否以及病菌的多少是病害发生流行的前提条件。

(二) 气候因素

影响梨黑星病发生与流行的主导因素仍然是气象条件，尤其是湿度。因为不论病菌形成孢子、进行传播还是萌发入侵，都需要有充足的水分和高湿度存在才行，而且在不同年份、地区，湿度条件的变化与差异亦较大。总的说来，春季降雨早而多，早期发病严重；夏季阴雨连绵，秋季雨水较多，后期发病严重。干旱少雨年份则发病较轻。每年由于降雨时间的早晚不同，因而病菌入侵的时间以及初侵染的部位亦具有差异。病菌孢子侵染，要求有 1 次 5mm 以上的降雨，连续 48h 以上的阴雨天。整个生长季节病菌可以多次侵染发病。

此外，温度也具有一定的影响，18~25℃的温度比较适合病菌的侵入和生长，30℃以上很难侵染。而光照并非分生孢子萌发的必要条件。

(三) 栽培管理

果园地势低洼，栽植密度过大，树冠郁闭、通风不良，树下杂草丛生，果园管理粗放不到位，树势衰弱均有利于发病。

（四）品种因素

梨的品种抗病力差异很大。一般说来，西洋梨、日本梨比中国梨抗病。在中国梨中，首先又以白梨系统最易感病，其次为秋子梨系统，而沙梨、褐梨和夏梨系统则较为抗病。例如，受害严重的品种有鸭梨、秋白梨、京白梨、平梨、一生梨、西安梨、黄梨、银梨、光皮梨、五香梨、鸡腿梨、花盖梨、库尔勒香梨、苍溪雪梨、二宫白梨、新世纪梨、明月梨以及满园香等；其次为砀山白皮酥梨、莱阳茌梨、安梨、秋子梨、黄县长把梨、红梨、冬果梨、石井早生梨、长十郎梨、康德梨等。比较抗病的品种则有香水梨、雪花梨、蜜梨、苹果梨、早酥梨、锦丰梨、兴城1号梨和西洋梨（巴梨、茄梨和客赏梨等）。

（五）发生时间

梨黑星病一般经过12~25d的潜育期才表现出症状，以后病叶和病果上又能产生新的分生孢子，陆续造成再次侵染。潜育期的长短与温湿度及病菌条件有关，只要有了合适的雨水、温度，病菌孢子即可传播入侵。一般在4月底落花后开始发病，5月上中旬新梢基部出现的"乌码子"是田间最早的症状表现，也是当年的发病中心。此病在各地的发生时间不同，如云南省、广东省、广西壮族自治区，一般在3月底开始发病，6~7月为发病盛期；长江流域于4月初发生，5~6月梅雨季节进入发病盛期；河北省、山西省一般在4月中、下旬开始发现，7~8月为盛发期；辽宁省、吉林省则在5月中旬开始发病，8月为发病盛期。病菌再侵染次数多，条件适宜时可致全园叶片和果实被害。

在河北省，梨黑星病发生一般有3个发病高峰，第1个高峰在落花后"乌码子*"出现，初侵染源病菌扩散之时；第2个高峰在

---

* 每年4~5月期间，管理者应寻找梨新梢生长中的病梢，并及时采取剪除措施。

6月底、7月雨季到来之时；8月以后至9月中下旬如有阴雨连绵天气，加上果农急于采摘而疏于喷药防治，可出现第3个发病高峰。

四、梨黑星病防治技术

梨黑星病的防治应遵循"预防为主，综合防治"的原则。

（一）常规防治技术

1. 农业防治

（1）栽培抗病品种：选择适合本地区的抗病品种进行种植。

（2）清理田园：清除园内落叶，剪除病梢，集中烧毁。

2. 药剂防治

（1）铲除越冬菌源：梨树发芽前，喷撒40%代森铵水剂400倍液，铲除芽鳞中的越冬病菌。

（2）发病初期及时喷药，使用的药剂有：50%多菌灵可湿性粉剂800倍液加90%乙磷铝可湿性粉剂600倍液、50%甲基托布津可湿性粉剂600倍液、50%退菌特可湿性粉剂700倍液、80%代森锰锌可湿性粉剂800倍液、65%代森锌可湿性粉600倍液、40%氟硅唑乳油6 000倍液及10%苯醚甲环唑水分散粒剂4 000倍液等。一些地区还普遍施用波尔多液（1∶1∶160或1∶3∶320）。

（二）高效安全科学施药技术

梨黑星病的常规化学防治通常选用单一药剂，加之药剂的选择、稀释以及施用不当，往往很难达到良好的防治效果。在实际防治当中，往往会出现如下问题。

①在幼果期使用铜制剂，如果用药后遇阴雨天气，很容易产生药害，而且石灰还会在叶面形成一层白色覆盖，从而影响光合作用。

②不了解梨黑星病菌对常用药剂的敏感性变化情况而盲目用

药。如多菌灵、甲基硫菌灵、苯菌灵同属于苯并咪唑类药剂，此类药剂及其复配制剂在一些种植区已使用多年，病菌对这些药剂的敏感性已普遍降低，继续使用会降低药效，使防治失败。

③随意提高药剂浓度，在增加防治成本的同时，也存在降低病菌对药剂敏感度的风险。例如，在有些地区已经将10%苯醚甲环唑水分散粒剂的使用浓度从6 000~7 000倍液提高到4 000倍液。

④为了省工，药剂随意混配，每次喷药时都会加入杀虫剂和杀菌剂，有时甚至3种以上药剂进行混用，致使用药成本提高、增加杀虫剂或杀菌剂用药次数，使病虫对药剂敏感性下降以及出现田间药害等。

⑤对梨黑星病的发生规律及药剂作用特点了解不够，田间防治时药剂种类和用药时期选择不当，大大增加了防治成本和难度。例如，见病喷药，而且选择了内吸性差的药剂，使防治效果不理想。

2009年以来，国家公益性行业（农业）科研专项《农药高效安全科学施用技术》项目研究团队经过近5年的协作攻关，通过进行常用防治药剂对梨黑星病菌敏感性时空变异的研究，科学筛选出对梨黑星病具有理想防效的单剂和现场桶混药剂优选配方，提出了一整套高效安全防治梨黑星病的田间适期施药和精准施药技术体系。

1. 科学选药

科学选药是前提。长期使用单一杀菌剂防治梨黑星病，则会导致梨黑星病菌的敏感性降低（或抗药性产生）。因此，根据梨黑星病菌对常用杀菌剂的敏感性变化，科学选用有效单剂或桶混优选配方是高效安全防治梨黑星病的前提条件。

（1）选用安全高效的单剂：根据2009—2012年梨黑星病菌

对常用杀菌剂的敏感性测定结果，下列单剂可作为有效防治梨黑星病的药剂，优先推荐使用：

①常用多菌灵、甲基硫菌灵及同类药剂或其复配制剂的地区，可选择对梨黑星病菌敏感度高的内吸性杀菌剂：10%苯醚甲环唑水分散粒剂 6 000~7 000 倍液，40% 氟硅唑乳油 8 000 倍液，12.5%腈菌唑微乳剂 2 000~3 000 倍液、12.5%烯唑醇可湿性粉剂 3 000 倍液、30%氟菌唑可湿性粉剂 3 000~4 000 倍液等进行喷雾防治。为了延缓病菌对药剂敏感性下降，在预防用药时应选择 80%代森锰锌可湿性粉剂 800 倍液、70%代森联水分散粒剂 500~700 倍液等保护性药剂与上述药剂轮换使用，上述药剂在每个生长季节使用次数不宜超过 3 次。

②在多菌灵、甲基硫菌灵及同类药剂或其复配制剂使用较少的地区，可选择内吸性杀菌剂 50%多菌灵可湿性粉剂 500 倍液、70%甲基托布津可湿性粉剂 800~1 000 倍液等与 40%氟硅唑乳油 8 000 倍液或 10%苯醚甲环唑水分散粒剂 6 000 倍液等药剂进行轮换使用。同时，使用 80%代森锰锌可湿性粉剂 800 倍液、70%代森联水分散粒剂 500~700 倍液等保护剂进行预防性施药。

（2）使用优选的桶混配方：为了避免或延缓梨黑星病菌对杀菌剂的敏感性降低，提高防治效果，延长药剂的使用年限，项目组以 4 个有效单剂为复配药剂，科学筛选出 2 个对梨黑星病具有理想防效的现场药剂桶混优选配方：

①40%氟硅唑乳油:80%代森锰锌可湿性粉剂（有效成分 1：25），田间现场桶混时，在每 100kg 水中分别加入 40%氟硅唑乳油 8ml 和 80%代森锰锌可湿性粉剂 100g，混合均匀后进行喷雾。

②10%苯醚甲环唑水分散粒剂:70%甲基硫菌灵可湿性粉剂（有效成分 1：30），田间现场桶混时，在每 100kg 水中分别

加入 10% 苯醚甲环唑水分散粒剂 12.5g 和 70% 甲基硫菌灵可湿性粉剂 53.6g，混合均匀后进行喷雾。

2. 适期施药

适期施药是关键。药剂的使用时间是否合适，直接影响梨黑星病的防治效果，如果施药时间掌握不好，即使药剂选择正确也不能取得良好的防效。因此，梨黑星病的防治应该做到"早期预防、适时施药"。田间施药时，推荐选用上述安全高效的单剂和现场药剂桶混优选配方，如表所示。

（1）早期预防：在梨树落花 80% 左右时开始用第一次药，此次药必须使用内吸性药剂，以铲除越冬菌源。如果药剂种类选择不当或不及时用药，芽鳞中越冬的菌源就会形成"乌码子"，成为发病中心，病菌迅速向周围扩散，给以后的防治带来困难。

（2）适时施药：湿度是梨黑星病发生的重要条件。因此，除在落花后及时用药控制初发菌源外，在雨季到来之前以及采果之前用药是全年梨黑星病防治的关键。雨季到来之前用药，一方面可以杀死潜伏在植物组织中的病菌使其不能表现症状，减少病菌扩散；二是防止连阴雨天不能及时用药使病菌进一步侵染植物组织造成病害严重发生。

采果之前用药，可以预防采果时阴雨连绵天气，加之采摘时间较长不能及时喷药防治带来的发病高峰，一般果农会忽略此次药剂防治，往往造成梨黑星病发生较重，引起叶片过早脱落，不但使树势减弱，也增加了越冬菌源的数量，给第二年的病害防治带来很大的困难。此 2 次用药均使用内吸性药剂进行防治，一是内吸性药剂不但可以杀死植物组织表面的菌源，而且可以杀死组织中的潜伏菌源，二是残效期较长。

如果上面 3 次药能够按时施用，梨黑星病的防治就成功了一大半，中间间隔时间就可以使用保护剂进行防治了，如果当年雨水较多，可以根据田间发病情况，适当增施 1~2 次内吸性杀菌剂。

表　梨黑星病防治配方施药技术推荐表

序号	药剂名称	通用名	用量	使用时期	使用方法
1	12.5% 腈菌唑微乳剂	腈菌唑	2 000~3 000 倍液	发病前或初期	喷雾
2	43% 戊唑醇悬浮剂	戊唑醇	3 000~4 000 倍液	发病前或初期	喷雾
3	30% 氟菌唑可湿性粉剂	氟菌唑	3 000~4 000 倍液	发病前或初期	喷雾
4	10% 苯醚甲环唑水分散粒剂	苯醚甲环唑	6 000~7 000 倍液	发病前或初期	喷雾
5	40% 氟硅唑乳油	氟硅唑	8 000~10 000 倍液	发病前或初期	喷雾
6	70% 甲基硫菌灵可湿性粉剂	甲基硫菌灵	800~1 000 倍液	发病前或初期	喷雾（以前较少使用的果园使用）
7	50% 多菌灵可湿性粉剂	多菌灵	500~1 000 倍液	发病前或初期	喷雾（以前较少使用的果园使用）
8	80% 代森锰锌可湿性粉剂	代森锰锌	600~800 倍液	发病前	喷雾
9	70% 代森联水分散粒剂	代森联	500~700 倍液	发病前	喷雾
10	每 100kg 水中加 40% 氟硅唑乳油 8ml 和 80% 代森锰锌可湿性粉剂 100g（氟硅唑∶代森锰锌 1∶25）			发病前或初期	喷雾
11	每 100kg 水中加 10% 苯醚甲环唑水分散粒剂 12.5g 和 70% 甲基硫菌灵可湿性粉剂 53.6g（苯醚甲环唑∶甲基托布津 1∶30）			发病前或初期	喷雾

3. 精准施药

精准施药是控制梨黑星病的有效保障。农药的科学使用应做到高效安全和精准，高效是前提，安全是条件，精准是途径。因此，精准施药时要求做到"三准"：一是药剂选用要准，二是药液配对要准，三是田间喷雾要准。

（1）药剂选用要准：药剂选用要准，即要"对症下药"。农户应根据当地历年防治梨黑星病药剂的使用情况，正确选择有效单剂或桶混优选配方进行交替轮换使用（推荐药剂及桶混配方见表）。

（2）药液配对要准：药液配对时要求准确计量和正确稀释。药液配对前应仔细阅读说明书，严格按推荐剂量和施药面积准确量取药液和稀释剂（水），保证计量准确。正确稀释农药，既可以使某些难溶或用量较少的农药得以充分溶解、混合均匀，以提高防治效果，还可以避免或减轻药害的发生，减少中毒的危险。

药液配对稀释时，要坚持采用"母液法"即两级稀释法。

①一级稀释：准确量取药剂加入桶、缸等容器，然后加入适量的水（2kg左右）搅拌均匀配制成母液。

②二级稀释：将配制的母液加入桶、缸等容器，再加入剩余的水搅拌，使之形成均匀稀释液。

（3）田间喷雾要准：田间喷雾时，应在病害发生前或初期及时用药，并力求做到对靶喷雾和均匀周到。喷药时间一般选择16:00以后喷药，早上叶片有露水不宜喷药，中午日照强，药液挥发快，不宜喷药。若喷药后24h内降雨，雨后天晴还应补喷药才能收到良好的防治效果。

第五章 中国梨木虱防治

一、中国梨木虱发生与危害

中国梨木虱属于同翅目、木虱科，是梨树主要害虫之一。该虫食性单一，以成虫和若虫刺吸梨树嫩绿组织汁液，使叶片光合作用降低，营养不足，树势衰弱，造成早期落叶；若虫分泌大量黏液，常使叶片黏在一起或黏在果实上，诱发煤污病，污染果实，造成品质下降，经济损失大（图5-1a和图5-1b）。中国梨木虱是我国梨产区的主要优势种群，广泛分布于北方梨区的山东省、河北省、河南省、安徽省、山西省及陕西省等地，为害严重。近几年在辽宁省西部以及南方梨区的局部梨园发生也较严重，有效控制梨木虱的发生与为害是保证梨产业的重大难题。

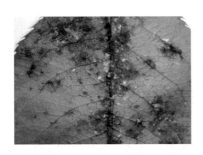 

a   b

图5-1 梨木虱为害状

二、中国梨木虱诊断方法

（一）识别特征

成虫体长 2.3~3.2 mm，分冬型和夏型两种。冬型较大，体长 2.8~3.2 mm，褐色，有黑褐色斑纹，头、足颜色较淡，前翅后缘在臀区有明显褐斑。夏型较小，体长 2.3~2.9 mm，体黄绿色多变，绿色者仅中胸背板大部黄色，盾片上有黄褐色带，腹端为黄色；黄色者除中胸背板纹为黄褐色外，其余均呈黄色；其他色型或头黄，或头胸黄。足均为黄色，腹部多为绿色。头与胸等宽，头顶横宽为长的 2.3 倍，颊锥呈圆锥状岔开，长与头顶约等。触角长为头宽的 2 倍，第 3~8 节的端部及第 9 节和第 10 节均为黑色。胸部背面有 4 条红黄色或黄色纵条纹。前翅长 1.8~2.6 mm，夏型长为宽的 2.3 倍，冬型长为宽的 2.6 倍，翅长椭圆形，翅痣狭长半透明，脉序"介"字形分枝，翅上均无斑。静止时翅呈屋脊状叠于体上。侧视雄虫腹端，第 9 腹节宽大，肛节粗大弯曲，阳茎端的末端膨大较均匀，阳基侧突的基部宽，向端部渐窄并向后弯。侧视雌虫腹端，腹瓣末端尖，背瓣明显长于腹瓣；背视肛环呈菱形（图 5-2a 和图 5-2b）。

a　　　　　　　　　　　　　　　b

图 5-2　中国梨木虱

卵长圆形，初产时淡黄白色，后变为黄色，两端钝圆，其中略粗的一端下方有 1 个刺状突出，固着于寄主组织里。另一端尖细，延长成一根长丝。

初孵若虫长椭圆形，扁平，淡黄色，3 龄以后翅芽膨大呈扇形，突出于身体两侧，身体扁平，绿褐色，复眼均为鲜红色。

（二）中国梨木虱发生特点

中国梨木虱以成虫、若虫在芽、蕾、嫩芽及叶上刺吸汁液，主要为害梨树的新梢、叶片，并分泌大量黏液诱发煤烟病，发生严重时造成早期大量落叶，对梨果产量及品质影响极大。

1. 发生时间

该虫在黄淮河流域梨产区一年发生 6~7 代，山西省和陕西省梨产区一年发生 4~5 代，东北地区一年发生 3~5 代。在黄淮河流域梨产区，梨木虱以冬型成虫在粗老树皮裂缝、杂草、落叶层中及土缝中越冬。早春 2 月下旬气温在 0℃左右时出蛰，出蛰后先集中到枝条上吸食汁液，并分泌白色蜡质物，而后交尾、产卵。卵产在芽基部、短果枝叶痕等部位，也有直接产于刚展开的幼叶上，呈线形排列。以后各代成虫多将卵产于叶柄、叶脉或叶缘锯齿间，幼果的果柄、萼部及果面都可能有卵附着。每头雌虫可产卵 290~300 粒，卵期 7~10d。

4 月上旬卵开始孵化，4 月下旬至 5 月初为第 1 代若虫盛发期。初孵化若虫聚集于新梢、叶柄等处为害。套袋时如果将虫子套入果袋内，由于袋内温度高、湿度大，繁殖速度更快，为害更重。果袋扎口松也可能是梨木虱钻进果袋为害的另一个途径。

2. 生活史

若虫怕光，喜潜伏在阴暗处为害。生长季节多在叶片反面、叶柄基部及芽基部刺吸为害，且分泌大量淡黄色黏液，常将两片叶子黏合重叠，若虫潜伏其内群集为害。

梨木虱各代的发生期不整齐，世代重叠。黄淮河流域梨产区各代成虫的发生期：第1代5月上旬至6月中旬；第2代6月上旬至7月上旬；第3代7月上旬至8月上旬；第4代8月上旬至8月下旬；第5代8月下旬至9月中旬；第6代从9月中旬开始发生，多为越冬型；第6代发生早的仍可继续产卵，在9月中下旬出现第7代成虫，全部为越冬型，发育晚的极少数若虫在1月上旬气温达–3℃时还能生存。

在梨木虱发生期，如降大雨，可以减轻发生和危害。

三、中国梨木虱发生条件

中国梨木虱的发生危害程度与当年的气候因素、栽培管理措施和防治水平及其他人为因素等影响因子有关。

（一）气候因素

降水量和气温都会影响梨木虱的消长。梨木虱发生程度与温度和降雨有密切关系，在高温干旱的季节或年份梨木虱发生较重；而在雨水多而温度低时则发生轻。

（二）栽培管理

果园光照和通风条件的好坏与病虫害的发生密切相关。乔化密植栽培的果园，采用以纺锤形为主的修剪模式，使得进入盛果期的果园透光率不足、通风性差、枝条徒长、果园郁闭严重，致使包括梨木虱在内的多种病虫害严重发生。

（三）人为因素

防治时机、用药品种、剂量和喷药质量会影响防治效果。尤其是选择药剂不当、施药时间错过最佳时机，喷药不细致或漏喷，也可导致梨木虱大发生。

四、中国梨木虱防治技术

中国梨木虱的防治，应遵循"预防为主、综合防治"的原则。

（一）常规防治技术

1. 农业防治

（1）杂草和落叶是梨木虱的越冬场所之一。梨树落叶后，彻底清除杂草、枯枝、落叶及一切废弃物，保持树下清洁可有效减少梨木虱成虫的越冬数量。

（2）树皮缝隙是梨木虱的主要越冬场所。初冬时及时刮除老树皮，对树枝和树干喷洒 3~5 波美度（°Be′）石硫合剂，或 95% 机油乳剂加水稀释 100 倍液喷雾，均能有效杀灭越冬梨木虱，达到减少越冬虫源的效果。

（3）栽培耕作制度：冬耕不仅能改善土壤理化性状、降低梨木虱的越冬环境温度，而且能提高越冬梨木虱的死亡率。

（4）天敌也可以很好地抑制虫害的发生：中国梨木虱的天敌有花蝽、草蛉、瓢虫、寄生蜂等，以寄生蜂控制作用最大。应在天敌发生盛期使用对其较安全的杀虫剂，最大限度保护和利用天敌。

2. 化学防治

应重点加强越冬成虫出蛰盛期和落花后（落花 70%~80%）第 1 代若虫盛发期的防治，同时重视 5 月下旬至 6 月上旬（套袋前）第 1 代成虫的防治。此时，及时有效控制梨木虱的发生，可避免梨木虱大量分泌黏液，增加防治难度和污染叶片。

（1）越冬成虫出蛰盛期（2 月下旬至 3 月初）：用 2.5% 氯氟氰菊酯乳油加水稀释 1 500 倍液喷雾，或用 2.5% 溴氰菊酯乳油加水稀释 1 500 倍液喷雾，或 4.5% 高效氯氰菊酯乳油加水稀释 1 000 倍液喷雾，及时杀死越冬成虫，减少其产卵量。

（2）梨树落花 70%~80% 后是第 1 代若虫盛发期：其防治可选用 50% 噻虫胺水分散粒剂加水稀释 5000 倍液喷雾，或用 50% 噻虫嗪水分散粒剂加水稀释 5 000 倍液喷雾，或用 70% 吡虫啉水分散粒剂加水稀释 5 000 倍液喷雾，或用 50% 吡蚜酮水分散粒剂加水稀释 3 000 倍喷雾。

（3）5 月下旬至 6 月上旬（套袋前）第 1 代成虫的防治：可选用 2.5% 氯氟氰菊酯乳油加水稀释 1 500 倍液喷雾，或用 2.5% 溴氰菊酯乳油加水稀释 1 500 倍液喷雾，或用 4.5% 高效氯氰菊酯乳油加水稀释 1 000 倍液喷雾，尽量采用大容量喷洒，使树体呈淋洗状态。

（4）7~9 月梨木虱世代重叠，各种虫态混合发生：分泌大量黏液保护虫体，增加了防治难度。应在喷雾液中加入农药渗透剂，如 0.2% 快速渗透剂 T（顺丁烯二酸二仲辛酯磺酸钠，上海天坛助剂有限公司），或用 0.1%Well-655G（福建威尔生物有限公司），选择药剂可为 50% 噻虫胺水分散粒剂加水稀释 5 000 倍液喷雾，或用 1.8% 阿维菌素乳油加水稀释 1 500 倍液喷雾，或用 50% 噻虫嗪水分散粒剂加水稀释 5 000 倍液喷雾。

（5）果实采收后：对一些梨木虱发生仍很严重的梨园，可用 2.5% 氯氟氰菊酯乳油加水稀释 1 000 倍液喷雾，以有效消灭越冬代成虫，减轻下一年梨木虱的危害。

（二）高效安全科学施药技术

中国梨木虱的常规化学防治通常选用一种单剂，加之药剂的选择以及施用技术不当，难以达到良好防治效果，还会导致梨木虱的抗性增长。

2009年以来，国家公益性行业（农业）科研专项《农药高效安全科学施用技术》项目研究团队经近5年的协作攻关，通过常用防治药剂对中国梨木虱敏感性时空变异的研究，筛选出对中国梨木虱具有理想防效的单剂和现场桶混药剂优选配方，提出了一整套高效安全防治中国梨木虱的田间适期施药和高效施药技术体系。

1. 科学选药

科学选药是前提。长期使用单一杀虫剂防治中国梨木虱，会导致中国梨木虱对药剂敏感性降低（或抗药性产生）。因此，根据中国梨木虱对常用杀虫剂的敏感性变化，科学选用有效单剂或桶混优选配方是高效安全防治中国梨木虱的前提条件。

（1）选用安全高效的单剂：根据2009—2012年常用杀虫剂对中国梨木虱的敏感性测定结果，下列单剂可作为有效防治中国梨木虱若虫的药剂优先推荐使用：

① 50%噻虫胺水分散粒剂，加水稀释4 000~5 000倍液喷雾。

② 50%噻虫嗪水分散粒剂，加水稀释4 000倍液喷雾。

③ 1.8阿维菌素乳油，加水稀释1 500~2 000倍液喷雾。

④ 15%哒螨灵乳油，加水稀释1 500~2 000倍液喷雾。

⑤ 20%氯虫苯甲酰胺悬浮剂，加水稀释2 000倍液喷雾。

（2）使用优选的桶混配方：为了避免或延缓中国梨木虱对杀虫剂的敏感性降低，提高防治效果，延长药剂的使用寿命，项目组以噻虫胺、哒螨灵、吡蚜酮和阿维菌素为复配基础药剂进行复配增效试验，从中科学筛选出对中国梨木虱具有理想防效的现场药剂桶混优选配方：哒螨灵和噻虫胺1：1混用，哒螨灵和吡蚜酮1：1混用，阿维菌素和噻虫胺1：10混用，阿维菌素和氯虫苯甲酰胺1：10混用，田间防治梨木虱成虫和若虫的综合效果均大于混合剂中的单剂。表明以上组合物更适合田间梨木虱成、若虫混发期使用。

（3）选用合适助剂：农药合适的剂型和助剂可以提高田间防效。经项目组试验证明，当在喷施药液中添加助剂快速渗透剂 T 和 Well-655G 时，可提高药液在梨树叶片上的润湿性，提高农药利用率。在梨木虱防治中可加入快速渗透剂 T 或 Well-655G 提高对梨木虱的防治效果。

2.适期施药

适期施药是关键。田间施药时，推荐选用上述安全高效的单剂和现场药剂桶混优选配方（表）在合适时期进行防治。

3.精准施药

精准施药是控制中国梨木虱的有效保障。农药的科学使用应做到高效安全和精准，高效是前提，安全是条件，精准是途径。因此，精准施药时要求做到"三准"：一是药剂选用要准，二是药液配对要准，三是田间喷雾要准。

（1）药剂选用要准：药剂选用要准，即要"对症下药"。农户应根据当地历年防治中国梨木虱药剂的使用情况，正确选择有效单剂或桶混优选配方进行交替轮换使用（推荐药剂及桶混配方见表）。

（2）药液配对要准：药液配对时要求准确计量和正确稀释。药液配对前应仔细阅读说明书，严格按推荐剂量和施药面积准确量取药液和稀释剂（水），保证计量准确。正确稀释农药，既可以使某些难溶或用量较少的农药得以充分溶解、混合均匀，以提高防治效果，还可以避免或减轻药害的发生，减少中毒的危险。

药液配对稀释时，要坚持采用"母液法"即两级稀释法。

①一级稀释：准确量取药剂加入桶、缸等容器，然后加入适量的水（2kg 左右）搅拌均匀配制成母液。

②二级稀释：将配制的母液加入桶、缸等容器，再加入剩余的水搅拌，使之形成均匀稀释液。

4.高效施药技术

（1）喷药时间：喷药应选择在10:00前或15:00后，光照不太强烈时进行。雨天不喷药，喷药后2h内如果降雨，天晴需要补喷。

（2）喷药器械与喷雾质量：梨园施药可使用3WF-2.6背负式机动弥雾机（山东华盛中天机械集团），或用WS-16P手动喷雾器（山东卫士植保机械有限公司），喷液量300 L/hm²，雾滴细，分布较均匀，药液流失少，施药效率较高。

还可使用弥雾机（日本丸山，国产美诺A380）和柱塞泵式喷雾机（喷头喷片直径为0.7~1.0 mm）进行施药，可减少药剂流失，提高利用率。后者价格低廉，使用方便，但应注意喷头喷片的孔径大小，大孔径喷片喷雾作业快，但容易造成药液流失浪费，因此，喷雾时尽量使用小孔径喷片，并做到细致均匀。

表　中国梨木虱防治配方施药技术推荐表

防治时期	施药品种	用量	使用方法
初冬时	石硫合剂	3~5 波美度（°Be'）	刮除老树皮，对树枝和树干喷洒
	95% 机油乳剂	稀释 100 倍	喷雾
越冬成虫出蛰盛期（2月下旬至3月初）	2.5% 氯氟氰菊酯乳油	稀释 1 500 倍	喷雾
	2.5% 溴氰菊酯乳油	稀释 1 500 倍	
	4.5% 高效氯氰菊酯乳油	稀释 1 000 倍	
落花70%~80%（4月中下旬第1代低龄若虫集中发生期）	50% 噻虫胺水分散粒剂	稀释 5 000 倍	喷雾（添加0.2%渗透剂T）
	50% 噻虫嗪水分散粒剂	稀释 5 000 倍	
	1.8 阿维菌素乳油	稀释 1 500~2 000 倍	
	15% 哒螨灵乳油	稀释 1 500~2 000 倍	
	20% 氯虫苯甲酰胺悬浮剂	稀释 2 000 倍	

防治时期	施药品种	用量	使用方法
套袋前（5月下旬至6月上旬）	15% 哒螨灵乳油 +50% 噻虫胺水分散粒剂（3：1）混用	3 000 倍	喷雾（添加0.2%渗透剂T）
	15% 哒螨灵乳油 +50% 噻虫胺水分散粒剂（3：1）混用	3 000 倍	
	1.8% 阿维菌素 +50% 噻虫胺水分散粒剂（3：1）混用	3 000 倍	
	1.8% 阿维菌素乳油 +20% 氯虫苯甲酰胺悬浮剂（3：1）混用	2 000 倍	
采栽后	4.5% 高效氯氰菊酯乳油	1 000 倍	喷雾
	2.5% 氯氟氰菊酯乳油	1 000 倍	

果树农药高效科学施用技术指导手册

第六章 苹果斑点落叶病防治

一、苹果斑点落叶病发生与危害

苹果斑点落叶病，又名褐纹病、褐色斑点病、褐色叶枯病和大星病等，最早于1956年报道于日本岩手县，以后逐渐发展成为日本苹果树上仅次于腐烂病的第二大病害。早期，我国苹果早期落叶病以褐斑病为主，灰斑病次之，但自20世纪70年代以来，苹果斑点落叶病在苹果主栽区普遍发生，主要危害幼嫩组织，包括新梢、嫩叶和幼果，是新红星等元帅系苹果的重要病害。至20世纪80年代已成为普遍发生的新病害，成为苹果早期落叶病重要病害之一，尤其在渤海湾、黄河故道等地区发生严重。该病可导致苹果树早期落叶，严重削弱树势，进而致使苹果树早期落叶，降低当年苹果产量，且影响花芽形成，降低次年产量。为害幼果时，可形成病斑点，致使果品质量下降。

二、苹果斑点落叶病诊断方法

（一）识别特征

苹果斑点落叶病主要危害叶片，还可侵害枝条和果实。

叶片发病，先产生褐色至深褐色圆形斑点，直径2~3mm，病斑周围常有紫色晕圈，边缘清晰，病斑扩大后呈深褐色，直径5~6mm，有时数个病斑融合成不规则的大斑。湿度大时，病斑背面产生黑绿色至暗褐色霉状物，即病菌的分生孢子梗和分生孢

图6-1 苹果斑点落叶病受害叶片

图6-2 苹果斑点落叶病受害果实

子（图6-1）。病斑后期，中央呈灰白色，并长出小黑点，有的病斑脱落形成穿孔。20d内的嫩叶最易受侵染，高温多雨季节病斑发展迅速，常使叶片焦枯脱落。叶柄受害，产生圆形至长椭圆形病斑，直径3~5mm，褐色，稍凹陷，叶柄易折断，造成落叶。

枝条受害，多发生在内膛弱枝上，产生2~6mm病斑，褐色至深褐色，稍凹陷，边缘常有裂缝。轻度感病时，仅皮孔稍隆起。

果实受害，多以果点为中心，形成近圆形褐色点，直径2~5mm，病斑周围伴有红晕。病斑下果肉数层细胞变褐，呈木栓化干腐状（图6-2）。

（二）侵染循环

越冬及初侵染：苹果斑点落叶病菌初侵染源比较广泛，但主要以菌丝和分生孢子在落叶上、一年生枝的叶芽和花芽以及枝条病斑上越冬。在辽宁省兴城地区，落叶上的病斑于4月下旬（田间平均气温12.8℃左右，有少量降雨后）开始大量形成孢子，直到6月中旬田间新梢病叶率达20%时仍可产生孢子，均具有较强的致病能力。吴桂本等（2000）研究发现，在山东省胶东地区，早春叶芽、花芽和皮孔的带菌率分别是82%、60%和6.1%，花芽的外层带菌率高于内层。由叶芽等部位分离到的病菌经回接致病测定表明其均有致病能力。

传播途径：越冬的分生孢子以及病菌越冬后产生的分生孢子主要借风雨传播。

再侵染：生长期田间病叶不断产生分生孢子，借风雨传播蔓延，进行再侵染。在山东省胶东地区，一般年份，树上病叶在5月底至6月初之后形成分生孢子，以后产孢病斑数量不断增加。7月中旬田间有一次明显的孢子散发高峰，以后有所下降，到8月下旬至9月上旬，叶片病斑上仍有1次产孢高峰，以后开始下降。在辽宁省兴城地区，5月中旬开始发病，5月下旬至6月上中旬发病进入激增期，6月下旬至7月上中旬进入发病盛期，并可持续到8月，造成大量落叶，9月中下旬发病基本停止。在一些特殊年份，情况会有较大差异。例如，在山东省胶东地区，1997年是历史上罕见的干旱年，田间孢子形成晚（7月5日前后），数量少，且无明显高峰。

三、苹果斑点落叶病发生条件

苹果斑点落叶病的发生流行和为害程度，与菌源、苹果品种和气候条件等因素密切相关。

（一）菌源因素

苹果斑点落叶病是一种真菌病害，病原为链格孢苹果专化型 *Alternaria alternata* f. sp. *mali*，属半知菌亚门链格孢属。异名有：*A. mali* Roberts,

图6-3　链格孢真菌体

Phyllosticta pirina Sacc., *A. tenuis* f.sp.*mali*, *Phyllosticta mali*。以往认为 *Phyllosticta pirina* 是可导致斑点落叶病的一个独立致病菌，但近期的研究认为，它是寄生在苹果斑点落叶病病斑上的二次寄生菌（图6-3）。

烟台市农业科学院对胶东地区苹果斑点落叶病标样进行了病原分离培养及致病性测定，获得了2个不同菌系，标记为 A_1 和 A_2。（图6-4）两者在形态上无显著差异。在PDA培养基上，A_1 菌落正面墨绿色，气生菌丝很少，大量产孢；A_2 菌落正面灰白色，气生菌丝旺盛，产孢量少，一般为 A_1 的1/5左右。孢子悬浮液无伤接种红富士、金帅、新红星3个品种的新梢叶片，发现 A_2 的致病性显著强于 A_1。调查发现田间不规则大型枯斑多由 A_2 所致。研究中还发现，A_1 菌系的分离频率明显高于 A_2，而且比较稳定，A_2 菌系在黑光灯连续照射下易向 A_1 变异。这一研究结果表明，苹果斑点落叶病菌内存在生理分化现象，且极具有变异性。随着栽培品种的变化，可能不断产生致病力更强的新的生理分化型。在苹果种植地区苹果斑点落叶病的菌源

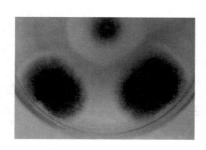

图6-4　苹果斑点落叶病菌两种类型
（黑色菌落 A_1，浅色菌落 A_2）

存在与否及其处理情况是该病发生流行的前提条件。

（二）栽培品种

苹果品种间发病有明显的区别。元帅、红星、新红星、红冠、印度、青香蕉、玉林和北斗等易感病，嘎啦、国光和红富士等中度感病，金冠、红玉和旭等发病较轻，乔纳金比较抗病。同一品种在不同生育期抗性表现也不同，同一器官或组织在组织幼

嫩期发病重，比如 20d 内的嫩叶最易受侵染，30d 以上的老叶发病较少。

（三）栽培管理

苹果栽培管理不当也会加重苹果斑点落叶病的发生流行，树势较弱、通风透光不良、地势低洼、地下水位高、偏施氮肥等均有利于病害发生。果园管理条件差，肥水不足，使树体本身的抵抗力严重降低，病菌侵染的机会大大增强。树体枝叶量大，树冠郁闭，通风透光条件差的果园，苹果斑点落叶病的发生较严重，反之则轻。果园经营管理粗放，杂草丛生，枯枝落叶满园，使全园布满苹果斑点落叶病的病原菌，为苹果斑点落叶病的发生及侵染提供了条件。

（四）气候条件

苹果斑点落叶病的流行与降雨、空气相对湿度等气候条件密切相关。苹果萌芽展叶以后，如雨水多，降雨早，雨日多，空气相对湿度在 70% 以上，则发病早而重。在沿海地区虽降雨少，但雾露重、湿度大，发病也重。

降雨影响分生孢子的形成和散发。据山东省烟台市农业科学院研究表明，田间孢子消长与降雨量、降雨次数有密切关系，孢子散发的高峰期一般出现在雨后 5~10d。1997 年是历史上少见的干旱年，4~6 月 3 个月仅降雨 71.7mm，春梢嫩叶上很少见到病斑，而多雨的 1998 年同期降雨量 199.1mm。1998 年 6 月 5 日，降雨 25mm，6 月 10 日即出现 1 次孢子散发高峰，孢子量每视野 3.8 个；6 月 20 日降雨 48mm，6 月 30 日孢子量达到每视野 6 个；7 月 10 日降雨 95mm，7 月 15 日孢子散发量高达每视野 7.9 个，为全年最高峰；8 月 15 日降雨 22mm，8 月 20 日出现 1 次小高峰；8月25日降雨超过160mm，9月5日又出现1次孢子散发高峰。9月上旬以后秋梢停止生长，叶片老化，虽然有大的降雨，新侵染斑仍趋下降。如果分生孢子散发高峰正值春秋两次抽梢期（叶片感病期），则可引起病害大发生。

四、苹果斑点落叶病防治技术

苹果斑点落叶病是典型的气传病害，再侵染频繁，因而防治应以化学保护为主，配合以农业措施即能有效地控制病害。提高防治效果的关键是喷药时间和药剂种类。

（一）常规防治技术

1. 农业防治

（1）搞好清园工作：秋冬季彻底清扫果园内落叶，结合修剪清除树上病枯枝，集中烧毁，深翻果园土壤，促进病残体腐烂，亦可减少越冬菌源。

（2）加强栽培管理：注意改良土壤，加强肥水管理，增施有机肥料，使果树生长健壮，增强抗病力。改善通风透光条件，降低果园内空气相对湿度，可减少发病。

2. 药剂防治

（1）防治时期：春梢和秋梢始生长期是苹果斑点落叶病的盛发期，抓住这两个关键时期进行防治，间隔10~15d喷施1次。

（2）防治药剂：目前防治斑点落叶病的药剂较多，果农可根据当地斑点落叶病的发生情况和历年药剂的使用情况轮换选用下列药剂：

①43%戊唑醇悬浮剂（好力克等），对水配成4 000~5 000倍液喷雾。

②80%代森锰锌可湿性粉剂（大生、美生等），对水配成800倍液喷雾。

③30%戊唑·多菌灵悬浮剂（福连），对水配成800~1 000倍液喷雾。

④50%克菌丹可湿性粉剂（美派安），对水配成800~1 000倍液喷雾。

⑤40%戊唑·克菌丹悬浮剂（美欧），对水配成1 000~1 200倍液喷雾。

⑥70%代森联干悬浮剂（品润），对水配成500~600倍液喷雾。

⑦10%苯醚甲环唑水分散粒剂（世高等），对水配成1 500~2 000倍液喷雾。

⑧10%多抗霉素或多氧霉素可湿性粉剂（宝丽安等），对水配成1 500~2 000倍液喷雾。

⑨50%异菌脲可湿性粉剂（扑海因），对水配成1 500倍液喷雾。

⑩50%醚菌酯水分散粒剂（翠贝），对水配成4 000–5 000倍液喷雾。

⑪60%唑醚·代森联水分散粒剂（百泰），对水配成1 500倍液喷雾。

⑫5%己唑醇悬浮剂，对水配成2 000倍液喷雾。

（二）高效安全科学施药技术

苹果斑点落叶病防治过程中存在许多不科学的方面：一是没有引起高度重视，斑点病少时不防，只重视保果，不重视保叶；二是抓不住防治关键，盲目喷药；三是农药选择使用不当；四是喷药质量差，达不到防治要求。

2009年以来，国家公益性行业（农业）科研专项《农药高效安全科学施用技术》项目研究团队经近5年的协作攻关，通过常用防治药剂对苹果斑点落叶病菌敏感性时空变异的研究，科学筛选出对苹果斑点落叶病具有理想防效的单剂和现场桶混药剂优选配方，提出了一整套高效安全防治苹果斑点落叶病的田间适期施药和精准施药技术体系。

1.科学选药

选药要以科学合理为前提。长期使用单一杀菌剂防治苹果斑点落叶病，会导致斑点落叶病菌的敏感性降低（或抗药性产生）。科学选用有效单剂或桶混优选配方是高效安全防治斑点落叶病的前提条件。

（1）选用安全高效的单剂：根据2009—2012年常用杀菌剂对斑点落叶病菌的敏感性测定结果，下列单剂可作为有效防治斑点落叶病的药剂优先推荐使用：

①43%戊唑醇悬浮剂（好力克等），对水配成4 000~5 000倍液喷雾。

②50%克菌丹可湿性粉剂（美派安），对水配成800~1 000倍液喷雾。

③10%苯醚甲环唑水分散粒剂（世高等），对水配成1 500~2 000倍液喷雾。

④10%多抗霉素或多氧霉素可湿性粉剂（宝丽安等），对水配成1500~2000倍液喷雾。

（2）使用优选的桶混配方：为了避免或延缓斑点落叶病菌对杀菌剂的敏感性降低，提高防治效果，延长药剂的使用年限，项目组以4个有效单剂为复配药剂，科学筛选出两个对斑点落叶病病具有理想防效的现场药剂桶混优选配方：

①50%克菌丹可湿性粉剂3 000倍液加10%苯醚甲环唑水分散粒剂2 500倍液对水喷雾。

② 250g/L 吡唑醚菌酯乳油 10 000 倍液加 10% 多抗霉素或多氧霉素可湿性粉剂 4 000 倍液对水喷雾。

（3）选用合适剂型和助剂：农药合适的剂型和助剂可以提高田间防效，我国果园一般密植郁闭，喷药较为困难，应优先选用分散性和黏附力强的制剂，助剂的应用则从休眠期即开始应用，一般使用有机硅或倍创助剂效果好，使用助剂时须适当减少用药量。

为帮助果农选择合适的剂型、助剂以及桶混时助剂的最佳使用量，项目组研究发明了"润湿展布比对卡"，这是一种快速检测判断药液的对靶沉积即湿润展布情况的技术，其使用方法如下。

①将药剂按推荐用量稀释后，取少许药液点滴在水平放置的苹果叶片上，观察药液液滴的形状，并与"润湿展布比对卡"（图 6-5a 和 6-5b）进行比对。

a. 农药液滴在植物表面　　　　　　b. 农药液滴在植物表面
　黏着展布比对卡　　　　　　　　　黏着展布比对卡

图 6-5　润湿展布比对卡

②药液迅速展开，液滴的形状介于 7 和 8、或者与 7 或 8 相符时，表明所配制的药液能够在苹果叶片上黏附并展布，可直接喷雾使用。

③药液不能迅速展开，液滴的形状介于 1~6 的范围时，可在配制好的药液中少量逐次加入助剂，比较液滴形状，直至介于 7~8、或者与 7 或 8 相符后，再进行喷雾。

2. 适期施药

适期施药是关键。药剂的施药时间是否恰当，直接影响斑点落叶病的防治效果，如果施药时间选择不当，即使药剂选择正确也不能取得好的防效。因此，斑点落叶病的施药适期应把握"先期预防、分园施药和及时用药"三原则。田间施药时，推荐选用上述安全高效的单剂和现场药剂桶混优选配方（表）。

（1）先期预防：根据斑点落叶病菌主要以菌丝和分生孢子在落叶上、一年生枝的叶芽和花芽以及枝条病斑上越冬，在苹果树休眠期可选用43%戊唑醇悬浮剂4 000倍液或30%戊唑·多菌灵悬浮剂600倍液全树均匀喷施，按药量的14%加入倍创助剂，可有效压低侵染菌源。

（2）分园施药：根据不同果园具体发生情况，在苹果生长春秋梢时期田间出现急性病斑或发病中心时，及时施药控制，并对周围果树施药保护，以防病菌孢子随气流扩散造成斑点落叶病大面积发生流行，以后根据病情发展及天气变化决定继续施药次数。一般可隔10~14d施用1次。

（3）及时用药：苹果斑点落叶病的发生危害对幼嫩组织的影响最为严重，危害幼果可直接形成小斑点或锈斑，造成残果或次果，严重影响果实品质。因此，及时用药防治是决定斑点落叶病防治成败的关键。苹果春秋梢生长期是防治苹果斑点落叶病的关键时机，尤其春梢期。谢花后7~10d开始喷药，以后可根据降雨、温度和病情，间隔10~14d施用1次。

3. 精准施药

精准施药是控制苹果斑点落叶病的有效保障。传统施药方式通常忽视一定区域内有害生物灾情的变化，采取同等施药量，导致化学农药在部分作业区内用量不足，而在有些作业区施药量过度。精确施药技术的核心是根据果园病害的差异性信息，采取变量施药技术，按需施药。农药的科学使用应做到高效安全和精准，高效是前提，安全是条件，精准是途径。因此，精准施药时要求做到"三准"：一是药剂选用要准，二是药液配对要准，三是田间喷雾要准，实现定时、定量、定点施药。

表　苹果斑点病防治配方施药技术推荐表

序号	药剂名称	商品名	通用名	使用倍数	使用时期	使用方法
1	43%戊唑醇悬浮剂	好力克等	戊唑醇	4 000~5 000倍液	生长期	喷雾
2	80%代森锰锌可湿性粉剂	大生、美生等	代森锰锌	800倍液	发病前	喷雾
3	30%戊唑·多菌灵悬浮剂	福连	戊唑·多菌灵	800~1 000倍液	发病初期	喷雾
4	50%克菌丹可湿性粉剂	美派安	克菌丹	800~1 000倍液	发病前	喷雾
5	40%戊唑·克菌丹悬浮剂	美欧	戊唑·克菌丹	1 000~1 200倍液	生长期	喷雾
6	70%代森联干悬浮剂	品润	代森联	500~600倍液	发病前	喷雾
7	10%苯醚甲环唑水分散粒剂	世高等	苯醚甲环唑	1 500~2 000倍液	生长期	喷雾
8	10%多抗霉素或多氧霉素可湿性粉剂	宝丽安等	多抗霉素或多氧霉素	1 500~2 000倍液	发病前或发病初期	喷雾
9	50%异菌脲可湿性粉剂	扑海因等	异菌脲	1 500倍液	发病前	喷雾
10	50%醚菌酯水分散粒剂	翠贝	醚菌酯	4 000~5 000倍液	生长期	喷雾
11	60%唑醚·代森联水分散粒剂	百泰	唑醚·代森联	1 500倍液	生长期	喷雾
12	5%己唑醇悬浮剂		己唑醇	2 000倍液	生长期	喷雾

（1）药剂选用要准：即要"对症下药"。果农应根据当地历

年防治苹果斑点落叶病药剂的使用情况，正确选择有效单剂或桶混优选配方进行交替轮换使用。

（2）药液配对要准：药液配对时要求准确计量和正确稀释。药液配对前应仔细阅读说明书，严格按推荐剂量和施药面积准确量取药液和稀释剂（水），保证计量准确。正确稀释农药，既可以使某些难溶或用量较少的农药得以充分溶解、混合均匀，以提高防治效果，还可以避免或减轻药害的发生，减少中毒的危险。

药液配对稀释时，要坚持采用"母液法"即两级稀释法。

①一级稀释：准确量取药剂加入桶、缸等容器，然后加入适量的水（2kg 左右）搅拌均匀配制成母液。

②二级稀释：将配制的母液加入桶、缸等容器，再加入剩余的水搅拌，使之形成均匀稀释液。

（3）田间喷雾要准：田间喷雾时，应在病害发生前或发生初期及时用药，并力求做到对靶喷雾和均匀周到。

①喷药时间。一般选择 16:00 以后喷药，早上叶片有露水不宜喷药，中午日照强，药液挥发快，不宜喷药。若喷药后 24 h 内降雨，雨后天晴还应补喷药才能收到良好的防治效果。

②喷雾质量。喷雾是果树上最常用的施药方法，应选用适宜的喷头和喷液孔，实现雾滴直径小，密度高，较好地覆盖防治靶标。

许多病菌、害虫在叶片背面侵染、为害，病菌或害虫必须接触到药剂才能被抑制或杀死，因此施药时须先喷苹果树冠内部和叶背，再喷树冠顶部和外围，避免重喷或漏喷。

另外，幼果期施药时，注意保护幼果，应采用高压、细雾、不近距离直接冲击果面的喷雾方式。

第七章　苹果轮纹病防治

一、苹果轮纹病发生与危害

苹果轮纹病是我国南北方苹果栽培地区普遍发生的重要病害，易感轮纹病的富士品种占种植面积的 70% 以上，为该病严重发生与流行提供了寄主条件，尤其不套袋苹果上发生严重。轮纹病可引起果实腐烂，雨水多的年份可造成 20%~30% 的烂果，每年造成较大的经济损失，影响着我国苹果产业的可持续发展。为控制苹果轮纹病的发生，果农普遍存在盲目用药、单一连续用药、随意加大用药量等诸多不规范行为，不仅造成大量农资浪费、农药残留超标和环境污染，还导致苹果轮纹病菌对多菌灵、戊唑醇等常用杀菌剂敏感性下降。尽管目前苹果生产普遍采用套袋栽培技术降低了病果率，但忽略了轮纹病在枝干上的防治，导致枝干轮纹病瘤、枝条干腐两种症状的发生逐年加重，苹果树势减弱，以及大量枝条干枯，造成了不可估量的损失。

二、苹果轮纹病诊断方法

（一）识别特征

苹果轮纹病主要侵染果实和枝条，引起果实轮纹烂果、枝干轮纹病瘤（俗称"枝干轮纹病"）和枝条干腐（俗称"干腐病"）3 种症状类型。

图7-1 苹果轮纹病受害果实

果实发病，不套袋苹果发生严重。该病具有潜伏侵染特点，近成熟期或储藏期发病，病果起初以皮孔为中心，生成水浸状褐色小斑点，很快成同心轮纹状，向四周扩大，并有茶褐色黏液溢出（图7-1）。病斑发展迅速，在条件适宜时，几天之内可使全果腐烂，常发生酸臭气味，自病斑中心逐渐产生黑色小粒点（分生孢子器），病果腐烂失水后变为僵果。

枝干受害，通常以皮孔为中心产生褐色突起的小斑点，后逐渐扩大成为近圆形或椭圆形病斑，直径为5~15mm，在苹果枝干上病斑较大，直径可达2~3cm，一般1cm左右，初期发病斑隆起呈瘤状（图7-2），以后隆起部的周缘逐渐下陷，成为一个凹陷的圆圈，呈现"马鞍状"。第二年，病斑上产生许多黑色小粒点（分生孢子器），随着健部木栓形成层的生成，病部周围逐渐隆起，病健交界处发生裂缝。当枝干染病严重时，许多病斑可连片，致使枝干表面十分粗糙，病斑环绕小枝可导致枝条死亡。病斑多数限于树皮表层，但也有部分病斑可达形成层，少数可深达木质部。苹果在干旱等极端环境条件的胁迫下，可快速导致枝条死亡，引起干腐症状。

图7-2 苹果轮纹病受害枝干

（二）侵染循环

轮纹病菌以菌丝体、分生孢子器及子囊壳在病部越冬，在枝干病部越冬的病菌是次年主要的侵染来源。北方在 4 月下旬至 5 月上中旬，气温达 15.5℃，遇雨病菌分生孢子开始散发。6 月中旬以后，气温达 23℃，相对湿度在 75% 以上，孢子大量散发，此期降雨量与孢子散发量成正相关。分生孢子主要随雨水飞溅传播，一般不超过 10m 的范围，孢子从枝条或果实皮孔侵入。

幼果受侵染不立即发病，病菌处于潜伏状态。当果实近成熟期时，其内部的生理生化发生改变后，潜伏菌丝迅速扩展蔓延，果实才发病。据监测，山东省烟台地区 7 月下旬至 8 月上旬始见病果。轮纹病菌潜伏期长短随果龄、温度等条件而异，早期侵染的病菌，潜伏侵染时间可长达 80~150d，而晚期侵染的潜伏期近 18d 左右。

三、苹果轮纹病发生条件

苹果轮纹病的发生流行和为害程度，与菌源因素、苹果品种和降雨等因素密切相关。

（一）菌源因素

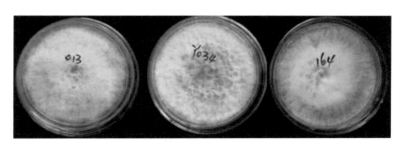

图 7-3　苹果轮纹病菌体

2007—2010 年，山东省烟台市农业科学院与中国农业大学联合攻关确定了苹果轮纹病的病原为 *Botryosphaeria dothidea*，明确了引起我国及东北亚地区的苹果果实轮纹烂果病菌、枝干轮纹病菌和干腐病菌是同一种病菌（图 7-3），与欧美报道的苹果果实白腐病菌是同一种，属于子囊菌亚门葡萄座腔菌属（图 7-4）。以往报道苹果枝干轮纹病和枝干腐病是由 *B. dothidea* 在不同环境条件下引起的两种症状，而不是两种病害，当枝条正常生长发育时导致轮纹病瘤症状，当枝条受水分胁迫时形成干腐症状。此病菌在苹果果实上引起果实轮纹烂果病在果树不同生育期抗性表现也不同，幼果时期病菌不扩展，这与果实内含酚量高、含糖量低有关，病害发生高峰出现在酚含量降为最低，含糖量升为最高之后。研究表明，在苹果种植地区枝干上菌源的存在与否及其处理情况是苹果轮纹病发生流行的前提条件。

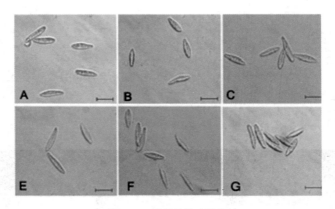

图 7-4　苹果轮纹病菌体

（二）栽培品种

苹果品种间轮纹病发生有明显的区别。富士、金冠等品种最易感病，红星、元帅等次之，国光、祝光、乔纳金和嘎拉等发病较轻。

（三）栽培管理

果园经营管理粗放，肥水不足，树势弱，致使枝干病瘤或干枝多，使果树整体曝布于病原菌孢子侵染范围之内，为苹果轮纹病的发生及侵染提供了条件。

（四）气候条件

在年份间与地区间，苹果轮纹病流行的差异很大，气候因素特别是温湿度是轮纹病流行的主导因素。在一定温度范围内，湿度是左右病菌孢子散发的关键因子。当气温达20℃以上，遇2mm以上的降雨，即可刺激孢子释放与萌发。

四、苹果轮纹病防治技术

据田间监测结果表明，果实在田间发生晚，病果上子实体产生很慢，一般在树上很少产生子实体，病菌侵染枝干形成的新病斑，次年才产生子实体，故在生长季节中，果实和枝干上陆续造成的侵染，其侵染源来自于病枝干，均属初侵染而无再侵染发生，这为持续防治轮纹病提供了依据。

（一）常规防治技术

1.农业防治

（1）刮除病斑：枝干病瘤是轮纹病菌的初侵染来源，清除病瘤是一个重要的防治措施，在果树休眠期应彻底刮除病斑，压低越冬菌源。

（2）加强栽培管理：冬季应做好清园工作，将病枝条收集烧毁，及时防治枝干害虫。生长前期和秋季果实采收后要增施有机肥，以恢复树势，提高抗病力。新建果园要注意选用抗病品种和无病苗木。套袋技术是减少果实轮纹病发生的有效办法。

2. 药剂防治

（1）防治时期：苹果谢花后 10~14d 开始喷施第一次药，以后结合其他病害，间隔 10~14d 喷施 1 次杀菌剂。

（2）防治药剂：目前防治苹果轮纹病的药剂较多，果农可根据当地轮纹病的发生情况和历年药剂的使用情况轮换选用下列药剂。

① 50% 多菌灵可湿性粉剂，对水配成 500~600 倍液喷雾。

② 70% 代森联水分散粒剂（品润等），对水配成 600 倍液喷雾。

③ 50% 多锰锌可湿性粉剂（新灵），对水配成 600~800 倍液喷雾。

④ 430g/L 戊唑醇悬浮剂，对水配成 4000 倍液喷雾。

⑤ 400g/L 戊唑·克菌丹悬浮剂（美欧），对水配成 600~800 倍液喷雾。

⑥ 30% 戊唑·多菌灵悬浮剂（福连等），对水配成 800~1 000 倍液喷雾。

⑦ 10% 苯醚甲环唑水分散粒剂（世高等），对水配成 1 500~2 000 倍液喷雾。

⑧ 250g/L 嘧菌酯悬浮剂，对水配成 2 000~3 000 倍液喷雾。

⑨ 25% 丙唑·多菌灵悬乳剂，对水配成 600 倍液喷雾。

⑩ 80% 代森锰锌可湿性粉剂，对水配成 800 倍液喷雾。

⑪ 70% 甲基硫菌灵可湿性粉剂，对水配成 800 倍液喷雾。

⑫ 60% 唑醚·代森联水分散粒剂，对水配成 1 000~1 500 倍液喷雾。

⑬ 250g/L 吡唑醚菌酯乳油，对水配成 3 000 倍液喷雾。

⑭ 50% 克菌丹可湿性粉剂，对水配成 600~800 倍液喷雾。

⑮1∶2∶200波尔多液。

防治中要注意药剂的交替使用，以提高药效和防止病菌产生抗药性。

（二）高效安全科学施药技术

套袋虽可大幅减少果实轮纹烂果病的发生，但不能有效控制轮纹病在枝干上的发生。另外，果农套袋后减少了杀菌剂喷药次数，在一定程度上也加重了枝干轮纹病的发生。

2009年以来，公益性行业（农业）科研专项《农药高效安全科学施用技术》项目研究团队经近5年的协作攻关，通过常用防治药剂对苹果轮纹病菌敏感性时空变异的研究，科学筛选出对苹果轮纹病具有理想防效的单剂和现场桶混药剂优选配方，提出了一整套高效安全防治苹果轮纹病的田间适期施药和精准施药技术体系。

1. 科学选药

选药要以科学合理为前提。长期使用单一杀菌剂防治苹果轮纹病，会导致轮纹病菌的敏感性降低（或抗药性产生）。科学选用有效单剂或桶混优选配方、合理轮换使用农药是高效安全防治轮纹病的前提条件。

（1）选用安全高效的单剂：根据2009—2012年常用杀菌剂对轮纹病菌的敏感性测定结果，下列单剂可作为有效防治轮纹病的药剂优先推荐使用。

①50%多菌灵可湿性粉剂，对水配成500~600倍液喷雾。

②70%甲基硫菌灵可湿性粉剂，对水配成700~800倍液喷雾。

③430g/L戊唑醇悬浮剂（好力克等），对水配成4 000倍液喷雾；或用25%戊唑醇乳油，对水配成2 500倍液喷雾。

④10%苯醚甲环唑水分散粒剂（世高等），对水配成1 500~

2 000 倍液喷雾。

⑤ 80% 代森锰锌可湿性粉剂（大生、美生等），对水配成 800 倍液喷雾。

⑥ 250g/L 吡唑醚菌酯乳油（凯润），对水配成 3 000 倍液喷雾。

⑦ 70% 代森联水分散粒剂（品润等），对水配成 600 倍液喷雾。

（2）使用优选的桶混配方：为了避免或延缓轮纹病菌对杀菌剂的敏感性降低，提高防治效果，延长药剂的使用年限，项目组以 4 个有效单剂为复配药剂，科学筛选出两个对轮纹病具有理想防效的现场药剂桶混优选配方。

① 50% 克菌丹可湿性粉剂 3 000 倍液加 10% 苯醚甲环唑水分散粒剂 2 500 倍液对水喷雾。

② 250g/L 吡唑醚菌酯乳油 10 000 倍加 10% 多抗霉素或多氧霉素可湿性粉剂 4 000 倍液对水喷雾。

（3）选用合适剂型和助剂：农药合适的剂型和助剂可以提高田间防效。我国果园一般密植郁闭，喷药较为困难，应优先选用分散性和黏附力强的制剂，助剂则从休眠期即开始应用，一般使用有机硅或倍创助剂效果好，使用助剂时须适当减少用药量。

为帮助果农选择合适的剂型、助剂以及桶混时助剂的最佳使用量，项目组研究发明了"润湿展布比对卡"，这是一种快速检测判断药液的对靶沉积即湿润展布情况的技术，其使用方法如下。

①将药剂按推荐用量稀释后，取少许药液点滴在水平放置的苹果树叶片上，观察药液液滴的形状，并与"润湿展布比对卡"（图 7-5a 和图 7-5b）进行比对。

②药液迅速展开，液滴的形状介于 7 和 8、或者与 7 或 8 相符时，表明所配制的药液能够在苹果树叶片上粘附并展布，可直接喷雾使用。

a. 农药液滴在植物表面
黏着展布比对卡

b. 农药液滴在植物表面
黏着展布比对卡

图 7-5　润湿展布比对卡

③药液不能迅速展开，液滴的形状介于 1~6 的范围时，可在配制好的药液中少量逐次加入助剂，比较液滴形状，直至介于 7 和 8、或者与 7 或 8 相符后，再进行喷雾。

2. 适期施药

适期施药是关键。药剂的施药时间是否恰当，直接影响轮纹病的防治效果，如果施药时间选择不当，即使药剂选择正确也不能取得好的防效。因此，轮纹病的施药适期应把握"先期预防、持续施药、及时用药"三原则。田间施药时，推荐选用上述安全高效的单剂和现场药剂桶混优选配方。

（1）先期预防：根据轮纹病菌侵染主要来源于枝干病瘤或干腐枯枝，因此清除枝干病瘤和干腐枯枝是一个重要的防治措施。在苹果树休眠期刮除病斑和清园后，在苹果树休眠期可选用 30% 戊唑·多菌灵悬浮剂 600 倍液、35% 丙唑·多菌灵悬乳剂 400~600 倍液或 250g/L 吡唑醚菌酯乳油 3 000 倍液全树均匀喷施，按照药量的 14% 加入倍创助剂或加入一定量的有机硅助剂，可有效压低侵染菌源。

（2）持续施药：枝条病瘤在苹果谢花 14d 左右，遇降雨开始释放孢子，不断侵染枝条和果实。可于谢花后第二次用药中加入防治轮纹病的杀菌剂，以后根据病情发展及天气变化决定施药次数，一般间隔 10~14d 施用 1 次。

（3）及时用药：降雨直接影响着轮纹病菌孢子的释放与否，大雨过后应注意及时喷施药剂进行防治。

3. 精准施药

精准施药是控制苹果轮纹病的有效保障。传统施药方式通常注重叶片和果实的喷药保护，忽视了枝条尤其主枝和主干的防治，加上套袋后不合理减少了杀菌剂喷药次数，加重了枝干轮纹病瘤、干腐两种症状的发生。农药的科学使用应做到高效安全和精准，高效是前提，安全是条件，精准是途径。因此，精准施药时要求做到"三准"：一是药剂选用要准；二是药液配对要准；三是田间喷雾要准，实现定时、定量、定点施药。

（1）药剂选用要准：药剂选用要准，即要"对症下药"。果农应根据当地历年防治苹果轮纹病药剂的使用情况，正确选择有效单剂或桶混优选配方进行交替轮换使用。

（2）药液配对要准：药液配对时要求准确计量和正确稀释。药液配对前应仔细阅读说明书，严格按推荐剂量和施药面积准确量取药液和稀释剂（水），保证计量准确。正确稀释农药，既可以使某些难溶或用量较少的农药得以充分溶解、混合均匀，以提高防治效果，还可以避免或减轻药害的发生，减少中毒的危险。

药液配对稀释时，要坚持采用"母液法"即两级稀释法。

①一级稀释。准确量取药剂加入桶、缸等容器，然后加入适量的水（2kg 左右）搅拌均匀配制成母液。

②二级稀释。将配制的母液加入桶、缸等容器，再加入剩余的水搅拌，使之形成均匀稀释液。

（3）田间喷雾要准：田间喷雾时，应在病害发生前或降雨后及时用药，并力求做到对靶喷雾和均匀周到。

①喷药时间。一般选择 16:00 以后喷药，早上叶片有露水不

宜喷药，中午日照强，药液挥发快，不宜喷药。若喷药后24 h内降雨，雨后天晴还应补喷药才能收到良好的防治效果。

②喷雾质量。喷雾是果树上最常用的施药方法，应选用适宜的喷头和喷液孔，实现雾滴直径小，密度高，较好地覆盖防治靶标。

许多病菌、害虫在叶片背面侵染、为害，病菌或害虫必须接触到药剂才能被抑制或杀死，因此，施药时须先喷苹果树冠内部和叶背，再喷树冠顶部和外围，避免重喷或漏喷。

另外，幼果期施药时，注意保护幼果，应采用高压、细雾、不近距离直接冲击果面的喷雾方式。

五、苹果轮纹病化防控制技术

（一）休眠期防治

果树发芽前，清园减少菌源后，及时对全树喷施杀菌剂，可选用30%戊唑·多菌灵悬浮剂600倍液、35%丙唑·多菌灵悬乳剂400~600倍液或250g/L吡唑醚菌酯乳油3 000倍液。具体防治苹果轮纹病推荐药剂如表所示。

（二）生长期防治

1. 套袋苹果

谢花后至套袋前，喷施3次药，每次药间隔10d左右。

谢花后7~10d第一次用药，可选用25%戊唑醇WP 2 500倍液、10%苯醚甲环唑WG 2 000倍或10%吡唑醚菌酯·多抗霉素桶混杀菌剂2 000~2 500倍液。

第二次用药可喷施50%多锰锌WP 600倍或60%唑醚·代森联WG 1 500倍液。

第三次用药可喷施 30% 戊唑·多菌灵 SC 1 000 倍液或 70% 甲基硫菌灵 WP 800 倍液 +80% 代森锰锌 WP 800 倍液。

苹果套袋后第一次用药，喷施 1:2:200 倍波尔多液 1 次。

间隔 28d 左右，喷施 22.7% 二氰蒽醌 SC 600 倍液。

间隔 10~14d，喷施 1：2：200 倍波尔多液 1 次。

间隔 28d 左右，喷施有机杀菌剂 1 次，可选用 25% 戊唑醇 WP 2 500 倍液或 50% 醚菌酯 DF 4 000 倍液。

2. 不套袋苹果

第一次用药，谢花后（5 月 15 日前后），喷 25% 戊唑醇 WP 2500 倍液或 40% 苯醚甲环唑·克菌丹 1500 倍液。

第二次用药，5 月下旬或 6 月上旬，喷 22.7% 二氰蒽醌 SC 600 倍或 50% 多锰锌 WP 600 倍液。

第三次用药，6 月中旬，波尔多液 1：2：200 倍液。

第四次用药，6 月下旬，80% 代森锰锌 WP 800 倍液。

第五次用药，7 月 10 日前后，波尔多液 1：2：200 倍液。

第六次用药，7 月下旬，25% 戊唑醇 WP 2 500 倍液。

第七次用药，8 月 10 日前后，70% 甲基硫菌灵 WP 800 倍液。

第八次用药，8 月下旬，50% 多锰锌 WP 600 倍液。

第九次用药，9 月上旬，5% 己唑醇 SC 1 500 倍液。

第十次用药，9 月下旬，30% 戊唑·多菌灵 SC 1 000 倍液。

表　防治苹果轮纹病常用市售药剂推荐表

序号	药剂名称	商品名	通用名	使用倍数	使用时期	使用方法
1	50% 多菌灵可湿性粉剂		多菌灵	500~600 倍液	生长期前中期	喷雾
2	70% 代森联水分散粒剂	品润	代森联	600 倍液	生长期	喷雾

序号	药剂名称	商品名	通用名	使用倍数	使用时期	使用方法
3	50% 多锰锌可湿性粉剂	新灵	多锰锌	600~800 倍液	生长期	喷雾
4	430g/L 戊唑醇悬浮剂	好力克等	戊唑醇	4 000 倍液	生长期	喷雾
5	400g/L 戊唑·克菌丹悬浮剂	美欧	戊唑·克菌丹	600~800 倍液	生长期	喷雾
6	30% 戊唑·多菌灵悬浮剂	福连	戊唑·多菌灵	600 倍液	休眠期	涂抹 + 全树喷雾
				800~1 000 倍液	生长期	喷雾
7	10% 苯醚甲环唑水分散粒剂	世高等	苯醚甲环唑	1 500~2 000 倍液	生长期	喷雾
8	250g/L 嘧菌酯悬浮剂	阿米西达	嘧菌酯	2 000~3 000 倍液	生长期	喷雾，不推荐在嘎拉品种上使用
9	25% 丙唑·多菌灵悬乳剂	润通	丙唑·多菌灵	600 倍液	生长中后期	喷雾
10	35% 丙唑·多菌灵悬乳剂	春满春	丙唑·多菌灵	400~600 倍液	休眠期	涂抹 + 全树喷雾
11	80% 代森锰锌可湿性粉剂	大生M-45、美生等	代森锰锌	600~800 倍液	生长期	喷雾
12	70% 甲基硫菌灵可湿性粉剂		甲基硫菌灵	800 倍液	生长期	喷雾
13	60% 唑醚·代森联水分散粒剂	百泰	唑醚·代森联	1 500 倍液	生长期	喷雾
14	250g/L 吡唑醚菌酯乳油	凯润	吡唑醚菌酯	3 000 倍液	休眠期或生长期	喷雾
15	50% 克菌丹可湿性粉剂	美派安	克菌丹	600~800 倍液	生长期	喷雾
16	22.7% 二氰蒽醌悬浮剂	博青	二氰蒽醌	600~800 倍液	生长期	喷雾
17	波尔多液		碱式硫酸铜钙	1：2：200	套袋后（6月份）	喷雾

第八章 苹果黄蚜病防治

一、苹果黄蚜病发生与危害

苹果黄蚜又名绣线菊蚜，俗称苹果腻虫、苹果蚜，广泛分布于日本、朝鲜、北美、中美及中国，主要寄主有苹果、梨、山楂、杏、李、海棠、樱桃等植物。在我国主要分布于河北省、内蒙古自治区、山西省、山东省、河南省等地区，是我国北方果园中为害果树生长的主要害虫之一。苹果黄蚜以成虫、若虫刺吸叶和枝梢的汁液，叶片被害后向背面横卷，其危害常导致苹果树势衰弱，严重影响光合作用及果品质量。近年来苹果黄蚜在我国各地果园呈现大发生的趋势，尤其在苹果、梨、杏和李子果园发生较为严重，严重影响了果树的生长和果品质量。

二、苹果黄蚜病诊断方法

（一）识别特征

田间苹果生长期，在苹果的嫩梢顶芽上，常可以看到无翅胎生雌蚜、有翅胎生雌蚜和若蚜同时发生，只有在越冬时才可以看到卵。具体识别特征如下。

无翅胎生雌蚜：长1.4~1.8mm，黄色、黄绿色或绿色。其中春季常见呈现黄色或黄绿色，夏季则多呈鲜黄色，在绿色的叶片或嫩梢上，非常鲜明而突出（图8-1）。腹管圆柱形，末端渐细，黑色。有翅胎生雌蚜：略小于无翅胎生雌蚜。头、胸部和腹管、尾片均为黑色,腹部呈黄绿色或绿色,两侧有黑斑(图8-2)。

图 8-1　苹果黄蚜
(无翅雌蚜与有翅雌蚜)

图 8-2　苹果黄蚜在苹果树叶梢上

若虫:鲜黄色,触角、复眼、足和腹管均为黑色(图8-3)。

图 8-3　苹果黄蚜(若虫)

卵:长 0.57mm,圆形,两端微尖,黑色。

苹果黄蚜与经常同时在苹果枝条上混合发生的苹果瘤蚜 *Myzus malisutus* Matsumura 比较,二者具有显著的区别:一是发生部位不同,苹果黄蚜主要发生于枝条的顶端幼嫩叶片上或上部叶片上,苹果瘤蚜则主要发生于枝条基部至中部的成熟叶片上;二是体色不同,苹果黄蚜体色鲜黄,苹果瘤蚜则呈绿色或墨绿色。

（二）发生规律

年发生 10 多代，以卵在枝杈、芽旁及皮缝处越冬。第二年寄主萌动后越冬卵开始孵化为干母，4 月下旬于芽、嫩梢顶端、新生叶背面为害，10 余天即发育成熟，开始进行孤雌生殖直到秋末，只有最后 1 代进行两性生殖，无翅产卵雌蚜和有翅雄蚜交配产卵越冬。为害前期因气温低，繁殖慢，多产生无翅孤雌胎生蚜；5 月下旬开始大量出现有翅孤雌胎生蚜，并迁飞扩散；6~7 月繁殖最快，枝梢、叶柄、叶背布满蚜虫，是虫口密度迅速增长的为害严重期。随后随着苹果新梢的老化，有翅蚜大量外迁和园外天敌大量迁入捕食，苹果黄蚜种群数量快速回落。7 月下旬到 8 月上旬苹果秋梢开始生长，苹果黄蚜种群数量有所回升，出现秋季小高峰。之后随雨季虫口密度下降，10~11 月产生有翅蚜交配产卵，一般初霜前产下的卵可安全越冬。

三、苹果黄蚜病发生条件

苹果黄蚜的发生危害程度与当年的气候条件、果园的栽培管理、苹果树品种等因素密切相关。

（一）气候条件

翌年气温回升，寄主萌动后，苹果黄蚜越冬卵开始孵化。气温回升得越早，苹果黄蚜危害得越早。夏季高温干旱，有利于苹果黄蚜的猖獗发生：该虫种群一年一般出现两次高峰（与苹果春、秋新梢每年两次生长规律相吻合），前峰为 5 月下旬至 6 月下旬，蚜量大，后峰为 7 月下旬至 8 月上旬，蚜量小（一般为害小）。

（二）栽培管理

果园光照和通风条件的好坏与病虫害的发生密切相关。乔化密植栽培的果园，采用以纺锤形为主的修剪模式，使得进入盛果期的果园透光率不足、通风性差、枝条徒长、果园郁闭严重，致使包括黄蚜在内的多种病虫害严重发生。

（三）苹果树品种

苹果黄蚜在苹果树上以东、南两个方位蚜量为多；蚜虫先聚集在展开的第一叶片为害，随数量增多渐向以下各叶转移。与其他苹果品种比较，红富士更有利于苹果黄蚜的生长发育与繁殖。

四、苹果黄蚜病防治技术

苹果黄蚜的防治，应遵循"预防为主、综合防治"的原则。

（一）常规防治技术

1. 农业防治

（1）人工剪枝：在苹果黄蚜盛发期，结合果树修剪，发现蚜虫较多的枝条及时剪除并烧毁或深埋。

（2）果园生草，增加天敌：果园生草是增加土壤有机质、改善土壤结构和果园生态环境、提高树势的一种有效措施。在果园内种植白三叶草和毛叶苕子，可形成固氮菌，增加土壤孔隙度、有机质含量和蚯蚓数量，调节果园的温湿度变化幅度，可大幅增加天敌七星瓢虫的数量，有效控制蚜虫等的为害。

（3）加强栽培管理措施：一是合理修剪，采用高光效修剪模式，减少下部枝干量，提升主干，有效改善果园通风透光条件；二是科学施肥，按照"配方施肥，基肥要早，追肥要巧，叶面喷肥要适时"的原则，通过合理平衡施肥，逐步提高地力、树体抗性，达到抗虫的目的。

2. 物理防治

蚜虫的有翅蚜在迁飞的过程中，具有明显的趋黄性。5月中旬，苹果黄蚜有翅蚜发生高峰期，每 667m² 准备 20 张黄板，悬挂于苹果树中上部主枝外侧。由于黄板上的胶粘性受风吹日晒及尘土的影响而下降，如果悬挂黄板后有翅蚜数量仍很多，应注意及时更换黄板或另行涂胶。

3. 化学防治

（1）防治时间：苹果黄蚜的防治在苹果谢花后 10~15d、花后 20~25d、幼果期各用药 1 次，苹果套袋后，黄蚜虫口密度开始下降，可根据实际发生情况决定是否需要防治。

（2）防治药剂：农户可根据当地苹果黄蚜的发生情况和历年药剂使用情况轮换选用下列药剂。

① 25% 噻虫嗪水分散颗粒剂，对水配成 4 000 倍液喷雾。

② 350g/L 吡虫啉悬浮剂，对水配成 3 500~14 000 倍液喷雾。

③ 25g/L 联苯菊酯乳油，对水配成 800~1 200 倍喷雾。

④ 3% 啶虫脒微乳剂，对水配成 2 000 倍液喷雾。

⑤ 10% 联苯菊酯乳油，对水配成 1 500 倍液喷雾。

（二）高效安全科学施药技术

苹果黄蚜的常规化学防治通常选用一种单剂，加之药剂的选择以及施用技术不当，难以达到良好防治效果且会导致蚜虫的抗性增长。

2009 年以来，国家公益性行业（农业）科研专项《农药高效安全科学施用技术》项目研究团队经近 5 年的协作攻关，通过常用防治药剂对苹果黄蚜敏感性时空变异的研究，筛选出对苹果黄蚜具有理想防效的单剂和现场桶混药剂优选配方，提出了一整套高效安全防治苹果黄蚜的田间适期施药和高效施药技术体系。

1. 科学选药

科学选药是前提。长期使用单一杀虫剂防治苹果黄蚜，会导致苹果黄蚜对药剂敏感性降低（或抗药性产生）。因此，根据苹果黄蚜对常用杀虫剂的敏感性变化，科学选用有效单剂或桶混优选配方是高效安全防治苹果黄蚜的前提条件。

（1）选用安全高效的单剂：根据 2009—2012 年常用杀虫剂对苹果黄蚜的敏感性测定结果，下列单剂可作为有效防治苹果黄蚜病的药剂优先推荐使用。

①350 克 g/L 吡虫啉悬浮剂，对水配成 3 500~14 000 倍液喷雾。

②25g/L 联苯菊酯乳油，对水配成 800~1 200 倍液喷雾。

③20% 啶虫脒可湿性粉剂，对水配成 13 000~20 000 倍液喷雾。

（2）使用优选的桶混配方：为了避免或延缓苹果黄蚜对杀虫剂的敏感性降低，提高防治效果，延长药剂的使用年限，项目组以 2 个有效单剂为复配基础药剂，与其他几类药剂复配，从中科学筛选出两个对苹果黄蚜具有理想防效的现场药剂桶混优选配方。

①350g/L 吡虫啉悬浮剂 :40% 辛硫磷乳油（有效成分 1 : 4），田间现场桶混时，分别按照 350g/L 吡虫啉悬浮剂 10 000~14 000 倍液，40% 辛硫磷乳油 2 800~4 000 倍液的用量加水稀释后喷雾。

②20% 啶虫脒可湿性粉剂 :4.5% 高效氯氰菊酯微乳剂（有效成分 1 : 4），田间现场桶混时，分别按照 20% 啶虫脒可湿性粉剂 26 000~53 000 倍液，4.5% 高效氯氰菊酯微乳剂 1 500~3 000 倍液的用量加水稀释后喷雾。

（3）选用合适助剂：农药合适的剂型和助剂可以提高田间防效。经项目组试验证明，当在喷施药液中添加助剂 GY-S903（0.05%）和有机硅 408（0.05%）时，可提高药液在苹果树叶片上的润湿性，提高农药利用率，在使用有机硅助剂时须适当减少用药量才能保证防效。

为帮助农户选择合适的剂型、助剂以及桶混时助剂的最佳使用量，项目组研究发明了"润湿展布比对卡"，这是一种快速检测判断药液的对靶沉积即湿润展布情况的技术，其使用方法如下。

①将药剂按推荐用量稀释后，取少许药液点滴在水平放置的苹果叶片正面及背面上，观察药液液滴的形状，并与"润湿展布比对卡"（图 8-4a 和图 8-4b）进行比对。

a. 农药液滴在植物表面　　　　　b. 农药液滴在植物表面
　黏着展布比对卡　　　　　　　　黏着展布比对卡

图 8-4　农药药液在植物表面沾着展布对比卡

②药液迅速展开，液滴的形状介于 7~8 时，或者与 7 或 8 相符时，表明所配制的药液能够在苹果叶片上黏附并展布，可直接喷雾使用。

③药液不能迅速展开，液滴的形状介于 1~6 的范围时，可在配制好的药液中少量逐次加入助剂，比较液滴形状，直至介于 7~8，或者与 7 或 8 相符后，再进行喷雾。

2. 适期施药

适期施药是关键。田间施药时，推荐选用上述安全高效的单剂和现场药剂桶混优选配方（表 8-1）在合适时期进行防治。

3. 精准施药

精准施药是控制苹果黄蚜的有效保障。农药的科学使用应做到高效安全和精准，高效是前提，安全是条件，精准是途径。因此，精准施药时要求做到"三准"：一是药剂选用要准，二是药液配对要准，三是田间喷雾要准。

（1）药剂选用要准：药剂选用要准，即要"对症下药"。农户应根据当地历年防治苹果黄蚜药剂的使用情况，正确选择有效单剂或桶混优选配方进行交替轮换使用（推荐药剂及桶混配方如表 8–1 所示）。

表 8–1　苹果黄蚜防治配方施药技术推荐表

防治时期	施药品种	用量	使用方法
花后 10~15d（4 月中旬至 4 月中下旬）	350g/L 吡虫啉悬浮剂	3 500~14 000 倍液	均匀喷雾
花后 20~25d（5 月上旬至 5 月下旬）	25g/L 联苯菊酯乳油	800~1 200 倍液	均匀喷雾
	20% 啶虫脒可湿性粉剂：4.5% 高效氯氰菊酯微乳剂（有效成分 1∶4）	（26 000~53 000）倍液：（1 500~3 000）倍液	均匀喷雾
幼果期（5 月中下旬）	20% 啶虫脒可湿性粉剂	13 000~20 000 倍液	均匀喷雾
	350g/L 吡虫啉悬浮剂：40% 辛硫磷乳油（有效成分 1∶4）	（10 000~14 000）倍液：（2 800~4 000）倍液	均匀喷雾
套袋后（6~7 月）	350g/L 吡虫啉悬浮剂	3 500~14 000 倍液	均匀喷雾
着色期（8 月旬至 9 月）	25g/L 联苯菊酯乳油	800~1 200 倍液	均匀喷雾

（2）药液配对要准：药液配对时要求准确计量和正确稀释。药液配对前应仔细阅读说明书，严格按推荐剂量和施药面积准确量取药液和稀释剂（水），保证计量准确。正确稀释农药，既可以使某些难溶或用量较少的农药得以充分溶解、混合均匀，以提高防治效果，还可以避免或减轻药害的发生，减少中毒的危险。

药液配对稀释时，要坚持采用"母液法"即两级稀释法。

①一级稀释：准确量取药剂加入桶、缸等容器，然后加入适量的水（2kg左右）搅拌均匀配制成母液；

②二级稀释：将配制的母液加入桶、缸等容器，再加入剩余的水搅拌，使之形成均匀稀释液。

4. 高效施药技术

（1）喷药时间：喷药应选择在10:00前或15:00后，光照不太强烈时进行。雨天不喷药，喷药后2h内如果降雨，天晴需要补喷。

（2）喷药器械与喷雾质量：苹果园中推荐使用弥雾机（日本丸山，国产美诺A380）和柱塞泵式喷雾机（喷头喷片直径为0.7~1.0mm）进行施药，可减少药剂流失，提高利用率。后者价格低廉，使用方便，但应注意喷头喷片的孔径大小，大孔径喷片喷雾作业快，但容易造成流失浪费，因此，喷雾时尽量使用小孔径喷片，并做到细致均匀，尤其是嫩枝嫩梢为苹果黄蚜喜食部位，应注意喷到，如表8-2所示。

表8-2　防治苹果黄蚜推荐药剂一览表

序号	药剂名称	通用名	用量	使用时期	使用方法
1	350g/L吡虫啉悬浮剂	吡虫啉	3 500~14 000倍液	花露红至套袋后	均匀喷雾
2	20%啶虫脒可湿性粉剂	啶虫脒	13 000~20 000倍液	花后至套袋后	均匀喷雾
3	25g/L联苯菊酯乳油	联苯菊酯	800~1 200倍液	花后至套袋后	均匀喷雾
4	350g/L吡虫啉悬浮剂+40%辛硫磷乳油	吡虫啉辛硫磷	（10 000~14 000倍液）+（2 800~4 000倍液）	花后至套袋后	均匀喷雾
5	20%啶虫脒可湿性粉剂+45%高效氯氰菊酯微乳剂	啶虫脒高效氯氰菊酯	（26 000~5 3000倍液）+（1 500~3 000倍液）	花后至套袋后	均匀喷雾

第九章　苹果二斑叶螨防治

一、苹果二斑叶螨发生与危害

二斑叶螨，属叶螨科，叶螨属，是一种重要的世界性害螨，是叶螨科中食性最广的物种，其寄主植物多达 800 余种，包括蔬菜、果树、棉花及花卉等植物。目前，在我国二斑叶螨主要分布于东北、华北、西北及江苏省和安徽省北部，为害多种果树及经济植物，在山东省、辽宁省和陕西省等地已上升成为果树的三大害螨之一。自 20 世纪 90 年代中期以来，二斑叶在鲁西南苹果产区为害日益严重，发生面积逐年扩大，已经上升为苹果产区的主要害虫，造成苹果早期落叶，树势衰弱，产量降低。

二、苹果二斑叶螨诊断方法

（一）识别特征

（1）雌成螨：体长 0.42~0.59mm，椭圆形，体背有刚毛 26 根，排成 6 横排。生长季节为白色、黄白色，体背两侧各具 1 块黑色长斑，取食后呈浓绿、褐绿色；当密度大，或种群迁移前体色变为橙黄色。在生长季节绝无红色个体出现。滞育型体呈淡红色，体侧无斑。

（2）雄成螨：体长 0.26mm，近卵圆形，前端近圆形，腹末较尖，多呈绿色。与朱砂叶螨难以区分。

（3）卵：球形，长 0.13mm，光滑，初产为乳白色，渐变橙黄色，将孵化时现出红色眼点。

（4）幼螨：初孵时近圆形，体长 0.15mm，白色，取食后变暗绿色，眼红色，足 3 对。

（5）若螨：前若螨体长 0.21mm，近卵圆形，足 4 对，色变深，体背出现色斑。后若螨体长 0.36mm，与成螨相似。

（二）抗药性

二斑叶螨因其扩散速度快、分布范围广、抗性增长快等特点使得防治极其困难，给农业生产带来了巨大经济损失。目前，国内外对二斑叶螨主要依靠化学药剂防治，由于过分地依赖和不合理地使用，致使二斑叶螨对多种药剂产生了不同程度的抗性。

二斑叶螨对有机磷类、氨基甲酸酯类、拟除虫菊酯类药剂均产生了不同程度的抗性。甘肃省天水市郊苹果园内的二斑叶螨对 20% 三氯杀螨醇、73% 克螨特及 20% 双甲脒的 LC_{50} 已分别达到 111.64 倍、90.08 倍和 48.32 倍，高出朱砂叶螨的抗性 10 倍以上。因此，这 3 种农药已失去控制二斑叶螨危害的能力。孟和（2001）等发现，山东省泰安市郊区茄子上的二斑叶螨用 20% 灭扫利、15% 三唑锡、73% 克螨特等药剂防治，均不能达到理想的效果，不能有效地控制其为害。赵卫东（2003）等在室内模拟田间药剂的选择压力，用阿维菌素、哒螨灵和甲氰菊酯对二斑叶螨逐代处理，选育至 12 代，对阿维菌素抗性增长到 6.72 倍，对哒螨灵抗性增长到 12.08 倍，对甲氰菊酯抗性增长到 19.76 倍。哒螨酮对二斑叶螨各螨态几乎无效。二斑叶螨不仅对多种药剂产生了抗药性，而且其交互抗性也日益突出。高新菊（2010）等室内用甲氰菊酯药剂筛选二斑叶螨 38 代，抗性达到 247.35 倍；抗甲氰菊酯的种群对三氯氟氰菊酯、苦皮藤生物碱、氯氰菊酯、三唑锡和四螨嗪有明显的交互抗性，抗性指数（RI）分别为 19.53、

19.02、12.13、8.80 和 5.13。抗螺螨酯的种群对甲氰菊酯和氯氰菊酯有一定的交互抗性。

三、苹果二斑叶螨发生条件

（一）发生时间

6 月中旬至 7 月中旬为猖獗为害期，进入雨季虫口密度迅速下降，为害基本结束，若后期仍干旱可再度猖獗危害，至 9 月气温下降陆续向杂草上转移，10 月陆续越冬。

（二）发生特点

行两性生殖，不交尾也可产卵，喜群集叶背主脉附近并吐丝结网于网下危害，大发生或食料不足时常千余头群集叶端成一团。有吐丝下垂借风力扩散传播的习性。在高温、低湿环境下适于发生。

四、苹果二斑叶螨防治技术

目前，二斑叶螨的防治主要是以化学防治为主，但使用农药时，要了解农药的性质和防治对象，还要注意将不同类型、不同作用方式的杀虫剂混用或轮用，以发挥最理想的控螨效果，同时也能延缓抗药性的发生和发展。

（一）常规防治技术

1. 农业防治

春季中耕除草，清除阔叶杂草，及时剪除树根上的萌蘖，冬季刮除树干上的翘皮、老皮，清除果园里的枯枝落叶和杂草，集中深埋或烧毁，消灭其上的二斑叶螨。

2. 生物防治

草蛉、小花蝽、蓟马等多种捕食螨都可以捕食二斑叶螨。在20~30℃温度范围内，随着温度上升，热带吸螨雌成螨捕食二斑叶螨雌成螨的数量增加，处理猎物时间缩短，单位时间攻击率增大，控制能力随着温度的上升而增强，以（30±1）℃温度条件下的控制力最强。伪钝绥螨雌成螨对二斑叶螨各螨态的控制能力依次为幼螨＞卵＞若螨＞成螨，因此，在二斑叶螨始发期释放最好。东亚小花蝽对二斑叶螨的选择性为雌成螨＞若螨＞幼螨，可以在害螨发生盛期释放。

3. 药剂防治

甲维盐是由阿维菌素 B_1 为母体合成的一种新型、广谱、高效抗生素类杀虫、杀螨剂，具有胃毒和触杀作用，且甲维盐的毒性低于阿维菌素，对鳞翅目害虫的活性比阿维菌素高，非常适合在无公害果品生产园或鳞翅目害虫与害螨同发时施用。可选用1.9% 甲维盐乳油 5 000~7 000 倍液防治二斑叶螨。螺虫乙酯是迄今唯一具有双向内吸传导性能的现代杀虫剂，该化合物可以在整个植物体内向上向下移动，这种独特的内吸性能可以防止害虫的卵和幼虫生长。且其持效期长，对天敌比较安全，与植物相容性好，对环境安全，适合害虫（螨）的综合防治。

同时，也可根据不同季节二斑叶螨的发生特点进行针对性的防治。早春是越冬后第 1 代螨和螨卵孵化初期，也是用药的最佳时期，可选用 5% 噻螨酮乳油 2 000 倍液防治，此期用药可降低螨口基数及后期螨口密度。春末时节可选用 78% 阿维 - 哒螨乳油 6 000 倍液有较好的毒杀作用。夏季气温偏高，是螨类发生为害的高峰期，可选用 5% 唑螨酯悬浮剂 2 000 倍液，其持效性较好，或用 1.8% 阿维菌素乳油 5 000~6 000 倍液喷雾，对夏卵、成螨、幼螨、若螨均有较高的毒杀力。

（二）高效安全科学施药技术

二斑叶螨的常规化学防治通常选用单一药剂，加之药剂的选择、稀释以及施用不当，往往很难达到良好的防治效果。

2009 年以来，国家公益性行业 (农业) 科研专项《农药高效安全科学施用技术》项目研究团队经近 5 年的协作攻关，通过常用防治药剂对二斑叶螨抗药性的检测研究，科学筛选出对二斑叶螨具有理想防效的杀虫剂混配配方，提出了一整套高效安全防治二斑叶螨的田间适期施药和精准施药技术体系。

1. 科学选药

科学选药是前提。长期使用单一杀虫剂防治二斑叶螨，会导致二斑叶螨抗药性产生。因此，根据二斑叶螨对常用杀虫剂的敏感性变化，科学选用杀虫剂混配优选配方是高效安全防治二斑叶螨的前提条件。

（1）选用安全高效的单剂：根据 2009—2012 年常用杀虫剂对二斑叶螨室内毒力测定结果，下列单剂可作为有效防治二斑叶螨药剂优先推荐使用（表 9-1）。

表 9-1　二斑叶螨防治施药技术药剂推荐表

防治适期	农药	药剂用量
卵	240g/L 螺虫乙酯悬浮剂	1 000~2 000 倍液
	5% 噻螨酮乳油	2 000 倍液
幼螨	1.8% 阿维菌素乳油	5 000~6 000 倍液
	5% 唑螨酯悬浮剂	2 000 倍液
成螨	1% 甲维盐乳油	5 000~6 000 倍液
	1.8% 阿维菌素乳油	5 000~6 000 倍液
	5% 唑螨酯悬浮剂	2 000 倍液

①5% 噻螨酮乳油对二斑叶螨的卵、若螨均有较强的活性，在卵孵化盛期使用具有较好的效果：对水 2 000 倍液喷雾。

②240g/L 螺虫乙酯悬浮剂是对防治二斑叶螨卵较好的药剂：对水 1 000~2 000 倍液喷雾。

③5% 唑螨酯悬浮剂是防治二斑叶螨成虫的药剂：对水 2 000 倍液喷雾。

④1.8% 阿维菌素乳油是防治二斑叶螨成虫的药剂：对水 5 000~6 000 倍液喷雾。

（2）使用优选的混配配方：为了避免或延缓二斑叶螨对杀虫剂的敏感性降低，提高防治效果，延长药剂的使用年限，项目组以药剂混配的方法，科学筛选出 3 个对二斑叶螨具有理想防效的阿维菌素与杀菌剂混配的优选配方（表 9-2）：

①1.8% 阿维菌素乳油 6 000 倍液与 430g/L 戊唑醇悬浮剂 1 000~2 000 倍液喷雾。

②1.8% 阿维菌素乳油 6 000 倍液与 10% 苯醚甲环唑水分散粒剂 1 000 倍液喷雾。

表 9-2　混配药剂对二斑叶螨室内控制效果

农药与杀菌剂	浓度（g/L）	试虫数	虫口减退率（%）				校正虫口减退率（%）			
			1d	3d	5d	7d	1d	3d	5d	7d
阿维菌素 + 甲基托布津	0.08+350	200	92.5	95.0	97.5	66.5	92.0	94.5	97.7	83.6
阿维菌素 + 苯酸甲环唑	0.08+100	174	97.1	99.4	98.9	74.7	96.9	99.3	99.0	87.6
阿维菌素 + 戊唑醇	0.08+344	200	97.5	98.5	86.5	81.5	97.3	98.3	87.4	90.9
对照	清水	195	6.1	6.1	9.2	7.2	—	—	—	—

③1.8% 阿维菌素乳油 6 000 倍液与 70% 甲基托布津可湿性粉剂 1 000 倍液喷雾。

（3）选用合适表面活性剂：采用大容量喷雾法施药，由于农药雾滴重复沉积、聚并，药液容易流失；当药液从作物叶片流失后，由于惯性作用，叶片上药液持留量将迅速降低，稳定后形成的最大稳定持留量远小于流失点时的持留量。利用表面活性剂降低溶液表面张力，可有效提高疏水性植物叶片的最大持留量。一般使用杰效利或 TX-10 助剂效果好（表 9-3）。

表 9-3　1.8% 阿维菌素乳油添加杰效利对防治苹果二斑叶螨效果影响

农药用量（ml/667m²）	施药液量（L）	杰效利喷雾助剂		苹果红蜘蛛的减退率（%）		
		添加量（ml）	添加浓（%）	药后 3d	药后 7d	药后 15d
25	200	—	—	83.6	66.4	49.3
18	60	30	0.05	90.3	82.2	61.9
25	60	15	0.025	83.6	81.1	60.2
18	100	15	0.015	53.0	79.0	26.6
18	100	25	0.025	91.8	82.5	67.1

2. 适期施药

适期施药是关键。药剂的施药时间是否恰当，直接影响二斑叶螨的防治效果，如果施药时间选择不当，即使药剂选择正确也不能取得好的防效。因此，二斑叶螨的施药适期应把握"早期预防、及时施药"原则。田间施药时，推荐选用上述安全高效的单剂轮换使用和单剂与杀菌剂的混配优选配方（表 9-1 和表 9-2）。

（1）早期预防：春季中耕除草，清除阔叶杂草，及时剪除树根上的萌蘖，冬季刮除树干上的翘皮、老皮、清除果园里的枯枝落叶和杂草，集中深埋或烧毁，消灭其上的二斑叶螨。

（2）及时用药：早春是越冬后第1代螨和螨卵孵化初期，也是用药的最佳时期，此期用药可降低螨口基数及后期螨口密度。夏季气温偏高，是螨类发生危害的高峰期，即使在田间未发现二斑叶螨也要及时喷药。

请农民朋友切记，及时并有效地防控二斑叶螨最佳时间是早春与春末时节。

3.精准施药

精准施药是控制二斑叶螨的有效保障。农药的科学使用应做到高效安全和精准，高效是前提，安全是条件，精准是途径。因此，精准施药时要求做到"三准"：一是药剂选用要准，二是药液配对要准，三是田间喷雾要准。

（1）药剂选用要准：药剂选用要准，即要"对症下药"。农户应根据当地历年防治二斑叶螨药剂的使用情况，正确选择有效单剂进行交替轮换使用（推荐药剂见表9-4）。

表9-4　防治二斑叶螨常用药剂一览表

序号	药剂名称	通用名	用量	使用时期	使用方法
1	5%噻螨酮乳油	噻螨酮	20~25mg/kg	早春	喷雾
2	78%阿维-哒螨乳油		130~200mg/kg	春季	喷雾
3	5%唑螨酯悬浮剂	唑螨酯	20~25mg/kg	夏季	喷雾
4	1.8%阿维菌素乳油	阿维菌素	3~3.67mg/kg	夏季	喷雾
5	240g/L螺虫乙酯悬浮剂	螺虫乙酯	120~240mg/kg	春秋季	喷雾
6	13%唑酯·炔螨特	炔螨特	86.7~130mg/kg	春秋季	喷雾
7	5%噻螨酮可湿性粉剂	噻螨酮	25~30mg/kg	萌芽至开花前	喷雾
8	13%唑酯·炔螨特	炔螨特	100~130mg/kg	春秋季	喷雾
9	200克/升双甲脒	双甲脒	100~200mg/kg	春秋季	喷雾
10	1.9%甲维盐乳油	甲维盐	3~3.77mg/kg	春季	喷雾
11	20%三唑锡悬浮剂	三唑锡	100~150mg/kg	秋季	喷雾

（2）药液配对要准：药液配对时要求准确计量和正确稀释。药液配对前应仔细阅读说明书，严格按推荐剂量和施药面积准确量取药液和稀释剂（水），保证计量准确。正确稀释农药，既可以使某些难溶或用量较少的农药得以充分溶解、混合均匀，以提高防治效果，还可以避免或减轻药害的发生，减少中毒的危险。

药液配对稀释时，要坚持采用"母液法"即两级稀释法。

①一级稀释：准确量取药剂加入桶、缸等容器，然后加入适量的水（2kg 左右）搅拌均匀配制成母液。

②二级稀释：将配制的母液加入桶、缸等容器，再加入剩余的水搅拌，使之形成均匀稀释液。

使用背负式喷雾器时，可以在药桶内直接进行两次稀释。先在喷雾器内加少量（2kg）的水，再加入准确量取的药剂，充分摇匀，然后将剩余的水加入搅拌混匀后使用。

（3）田间喷雾要准：田间喷雾时，应在虫害发生初期及时用药，并力求做到对靶喷雾和均匀周到。

喷药时间。一般选择 16:00 以后喷药，早上叶片有露水不宜喷药，中午日照强，药液挥发快，不宜喷药。若喷药后 24 h 内降雨，雨后天晴还应补喷才能收到良好的防治效果。